ACEITE DE MANÍ (CACAHUETE)

CALIXTO LÓPEZ HERNÁNDEZ

ACEITE DE MANÍ

(CACAHUETE)

Calixto López Hernández
(2018)

ACEITE DE MANÍ (CACAHUETE)

PRÓLOGO DEL AUTOR

¿Por qué escribir un libro sobre el aceite de cacahuete si existen tantas publicaciones sobre grasas vegetales? ¿Por qué específicamente sobre este aceite? Esta es una interesante pregunta cuya respuesta está relacionada con que sobre este aceite no es de los que más se escribe, pese a poseer él y su fuente de procedencia, excelentes propiedades nutritivas, tal vez más que las de cualquier otro.

Efectivamente, sobre el maní y su aceite no se ha escrito y publicado todo lo que se debía, pese a ser uno de los primeros en que se industrializó su producción allá en la Francia del siglo XIX. Tal vez la causa sea porque su volumen de producción actual no esté a la altura del de la palma africana, de la soja, de la colza o el girasol, o porque una gran parte de la producción de cacahuete se derive a su consumo directo, o en otros productos agregados de más fácil elaboración.

Lo cierto es, que el aceite de cacahuete se está convirtiendo en un desconocido en un mundo donde tiene un puesto y una reputación merecidamente ganada, quizás también por esto, por la defensa de los más débiles, es que se asuma esta tarea, que puede resultar grata o ingrata, según consideren los lectores, pero que acogimos con gusto, pues con ella pretendemos aclarar las principales dudas sobre este pintoresco e importante aceite.

El aceite de maní es uno de los aceites vegetales de perfil lipídico más completo para incidir positivamente sobre los parámetros que determinan las enfermedades cardiovasculares. Tiene un contenido de ácido oleico muy superior, casi el doble del de los demás aceites vegetales obtenidos a partir de semillas de oleaginosas, como el girasol, la soja y la colza original, también que el del aceite obtenido a partir del germen de maíz.

El contenido en ácido oleico del aceite de maní, como producto natural, es solamente superado por el aceite de oliva y el de aguacate, ambos provenientes de frutos, claro, y los alto oleicos provenientes de semillas modificadas por selección, cruzamiento o genéticamente, pero también se puede obtener el aceite de maní alto oleico, que compite y aventaja a los anteriores.

El aceite de cacahuete, no es el de mayor volumen de producción en el mundo, aunque ocupa un lugar de importancia entre los aceites vegetales que se manufacturan industrialmente, y no tiene nada que envidiar a los demás, ni en constituyentes lipídicos, ni en componentes secundarios en estado crudo, en el que sus cualidades organolépticas lo hacen perfectamente consumible.

Este aceite proviene de uno de los granos más versátiles y conocidos, con un amplio repertorio de usos y aplicaciones en el sector alimentario, también uno de los de mayor contenido de lípidos y proteínas, al extremo que su harina desaceitada es un alimento súper proteico con un contenido de este valioso alimento de alrededor del 50%.

Los múltiples usos del maní puede que opaquen un poco al aceite como producto agregado, pero éste ha logrado un sitio en el mercado, y fue uno de los primeros obtenidos industrialmente, por lo que es de esperar que su producción continúe elevándose merced a sus valiosas propiedades.

El cultivo de la planta de cacahuete en regiones de clima cálido, cuyas economías emergentes aún no pueden suplir las altas necesidades de una población creciente, lo hace una fuente esperanzadora de valiosos nutrientes para satisfacer las apremiantes demandas alimentarias que esto impone, y ya hay algunos países del continente africano que se incluyen entre los principales productores y exportadores a nivel mundial, aunque pocos aún, y debieran ser más.

Los dos países de mayor población del planeta: China e India son los principales productores y consumidores de cacahuete del mundo, el que constituye para estos países una fuente valiosa de alimentos con alto poder nutritivo, pero por otra parte, las bondades culturales de la planta facilitan su cultivo con un mínimo de fertilización, por cuanto la planta de cacahuete es capaz, en simbiosis con bacterias nitrificantes, de satisfacer las necesidades de nitrógeno que impone su metabolismo.

El maní es una planta que esconde celosamente sus vainas bajo tierra para ocultarlas de plagas y enfermedades, también de insectos, aves y pequeños mamíferos. Su recolección y siembra puede ser completamente mecanizada, y alcanza buenos rendimientos, que pueden mejorarse en condiciones óptimas de cultivo.

Su manufactura no es compleja y su grano es relativamente blando para someterlo a procesos de extracción de aceite, también para consumirse directamente. Sería muy difícil encontrar personas masticando granos de soja, colza, etc. pero el maní lo permite, por lo cual se puede consumir directamente: crudo o tostado.

El aceite que se extrae del cacahuete es mucho más estable termodinámicamente y resistente al almacenaje y la rancidez que los de soja, girasol y germen de maíz. Tiene un alto punto de humo y temperatura de ebullición, que lo hace más apto para freír, también posee propiedades que facilitan su inclusión en la industria alimenticia

Solo un handicap, un problema, presenta el maní y sus productos derivados, incluyendo su aceite, el que proviene de sus alérgenos, para aquellas personas que son alérgicas al cacahuete, y hay que decir que las hay, y a las que sería recomendable sugerirles no consumirlo y tener sumo cuidado, porque la proliferación de su empleo es tal, que puede aparecer en los alimento elaborados que menos se pueda esperar, por lo que muy atento a las etiquetas, es nuestra recomendación.

ACEITE DE MANÍ (CACAHUETE)

I.-INTRODUCCIÓN.

El cacahuete, o maní, como se le conoce en la mayoría de los países de América, es una de las plantas oleaginosas de mayor importancia y versatilidad, dado el alto poder nutritivo de sus granos, ricos en lípidos y proteínas, así como en carbohidratos, vitaminas y minerales, entre otros.

Pocos granos de oleaginosas poseen un contenido proteico tan alto, cercano al 30% o de aceites con cerca del 50%, donde predominan los ácidos grasos insaturados, y sobre todo el oleico, que le brinda al organismo humano acción protectora sobre las enfermedades cardiovasculares. El cacahuete posee un alto contenido de fibra, carbohidratos y los demás ingredientes que lo hacen ser un alimento altamente nutritivo, tanto que de él se puede obtener una harina superproteica con un contenido de éstas de alrededor del 50%.

Quizás lo más importante de esta planta es que se cultiva en países con climas cálidos, en muchos de los cuales hay un alto índice de pobreza, también en condiciones de secano, y requiere poca fertilización, habida cuenta que es una leguminosa y que puede acceder al nitrógeno atmosférico en simbiosis con bacterias nitrificantes.

Puede que una parte de la malnutrición de las poblaciones de estas regiones pobres haya sido combatida a lo largo de los siglos con esta singular semilla, que los caribeños indios taínos llamaron *maní*, aunque donde más se cultivaba y consumía era por las poblaciones de las culturas aztecas e incas.

Con la conquista de América el maní arribó a Europa para quedarse, también al resto del mundos, sobre todo a Asia, para formar parte indispensable de su cultura alimentaria, de manera que actualmente los principales países productores y consumidores son China e India, entre otros.

¿Qué sería de la famosa comida china sin el maní?, o ¿qué se harían las grandes transnacionales de la industria alimentaria europea si no pudiesen contar con este grano y sus productos agregados?, tampoco los norteamericanos quedarían muy satisfechos si no contaran con su mantequilla de cacahuetes.

Si el maíz y la mandioca fueron el sustento de numerosas culturas primitivas, el maní no se queda lejos, no podemos hablar exactamente de una cultura solo dependiente de esta oleaginosa, pero si puede que haya sido complemento necesario para aquellas que no tenían acceso a proteínas y lípidos benignos y que éstos lo pudiesen haber obtenido de esta interesante planta, que a diferencia de otras leguminosas oculta celosamente su fruto en la tierra, para evitar que aves, insectos y otras especies de animales se hagan dueños de él.

No se puede, ni se debe considerar una planta, un grano o un aceite mejor o peor que los demás, da la impresión que la naturaleza con su "sapiencia" los hizo diferentes para que realizaran diferentes funciones y para que en su conjunto contribuyeran a darle al hombre, que llegó después que ellas, los alimentos y nutrientes que necesita para desarrollar un eficiente metabolismo.

A veces olvidamos esto y desechamos o desterramos una planta y sus frutos, o somos tan vanidosos que relacionamos algunos alimentos con las clases sociales que los consumen, y los consideramos tan pobres como las mismas personas que los incorporan en su hábito alimentario. ¡Cuanta vanalidad e ignorancia!

Actualmente una crema de cacahuete la podemos encontrar en las mesas gourmet de muchos establecimientos, también como sustituto de la mantequilla para untar en los desayunos de los ciudadanos de los países desarrollados, pero no debe olvidarse que las personas de escasos recursos y entre ellos niños, mujeres y ancianos, cuando comen los granos de maní crudo o tostado, están ingiriendo las mismas sustancias nutritivas y de forma más sana e integral.

El maní no ha logrado aún todo el reconocimiento que merece como planta oleaginosa, proteica, portadora de fibras, carbohidratos, vitaminas y sales minerales, pero poco a poco esto se está logrando, y algún día se igualará a aquel que le dieron los pobladores precolombinos de América y que por suerte quedó como herencia para nosotros; una herencia gratuita, sin impuestos, y repartida de manera igualitaria para todos los habitantes del mundo, independientemente de sus orígenes ancestrales, razas, color de la piel, u estatus económico.

Los nostálgicos tal vez no volverán a escuchar los pregones de aquellos hombres y mujeres humildes que con una lata de gas y una hornilla de carbón en su interior para que no se le enfriara su valioso producto, recorrían los barrios de los poblados, de las grandes ciudades y hasta de las capitales de los países de América del Sur y el Caribe, ofertando sus famosos conos o cucuruchos de maní tostado, que saciaban los estómagos inllenables de los niños, y abastecían de nutrientes a aquellos que demorarían de nuevo en comer alimentos en su andar por aquellos contornos.

Del maní se extrae un aceite, un valioso aceite, con una proporción de ácido oleico mayor que el de las demás semillas oleaginosas: girasol, soja y también de la colza original antes de convertirse en canola, por lo que presenta mejores propiedades que éstos para el consumo directo, la industria y la fritura, sin embargo, éste se produce en menor volumen que éstos, los motivos pueden ser varios, incluso, como en el aguacate, el del propio valor del producto matriz y el de sus agregados de fácil manufactura, u otras causales que no pretendemos abordar.

El aceite de cacahuete es bueno, muy bueno, incluso el virgen o crudo, con todos sus componentes secundarios como los valiosos tocoferoles (vitamina E), se halla entre los de mayor volumen de producción en el mundo, pero no entre los primeros, delante de él se encuentran los aceites de palma, soja, colza, girasol, etc., pero esto no es óbice para que sea un buen aceite, solo puede presentar un problema, no tanto él como su grano de procedencia, el de los alérgenos para las personas que hagan alergia al maní, y de hecho las hay; y eso hace que no se puedan realizar generalizaciones y decir: es bueno para todas las personas consumir el maní y su aceite, al menos el exponerlo de esa forma tan absoluta.

El aceite de maní resulta en un magnífico agente para disminuir o ralentizar las enfermedades cardiovasculares, su altísimo contenido de ácido oleico, uno de los mayores entre las plantas oleaginosas que no han sufrido cruces o modificaciones genéticas, lo hace altamente valioso, pues en él hay cerca de un 50% de este ácido, que complementado con el linoleico hace que entre los dos alcancen una proporción cercana al 80 % de ácidos grasos insaturados, lo que conlleva que sea uno de los aceites más eficientes para mantener a raya las enfermedades cardiovasculares, primera causa de muerte en los países desarrollados.

Que los ácidos grasos poliinsaturados como el linoleico son factibles de producir radicales libres con los daños que esto ocasiona, es cierto, aunque se necesitan estudios más profundos para corroborar esta afirmación; pero de la misma forma que con otros aceites como los de girasol, soja y maíz, esto se soluciona mediante las variedades alto oleicos; con el cacahuete ocurre lo mismo, y las de aceite de maní alto oleico presentan una composición óptima entre todas, con una concentración superior al 80% de ácido oleico y menos del 3% de linoleico.

El aceite de cacahuete presenta en su composición otros ácidos grasos de cadena larga como el aráquico, behénico, lignocérico y erúcico, en pequeñas proporciones, pero solo el último puede ser motivo de preocupación, y para nuestra tranquilidad, su concentración se halla muy por debajo de las normadas internacionalmente por los organismos oficiales.

Concluimos con que el aceite de cacahuete es uno de los aceites vegetales más importantes entre los obtenidos a partir de semillas de plantas oleaginosas, y merece, por tanto, el estudio que hacemos de él a través de esta modesta monografía.

II. EL MANI, LA PLANTA

El maní, su nominación de procedencia taína, o cacahuete como se hace llamar en Norteamérica y en algunos países europeos, es una leguminosa cuyo nombre científico es *Arachis hipogaea*, L. cuyo origen, después de muchas controversias, se sitúa en el noroeste andino: (Uruguay, Argentina y Brasil), aunque los restos de este fruto más antiguos se han encontrado en Perú, con una datación de 7 500 años de antigüedad. Es una planta autógama, anual, que responde a la siguiente clasificación taxonómica:

Reino: plantae
División: magnoliophyta
Clase: magnolipsida
Orden: fabales
Familia: leguminosae
Subfamilia: Papilionaceas
Tribu: hedisareae
Género: arachis

Especie: hipogaea

El maní se adapta a diversas condiciones climáticas: tropicales y subtropicales, por lo que su cultivo se encuentra disperso por muchas regiones del planeta. En cuanto a su rendimiento, éste no es muy alto, relativamente menor que el de otras plantas oleaginosas, y es del orden de las 2TM/ha en cáscara. También se diferencia de otras plantas de su género en el hecho de que las vainas se encuentran enterradas en el suelo, y no sujetas en el tallo, como la soja, la colza, y otras leguminosas como los frijoles, entre otras.

En contrapartida a su rendimiento productivo, el grano contiene elevadas concentraciones de grasas (50%) y de proteína (30%), cifras que le dan un alto valor nutritivo y justifican su amplio empleo en diversas áreas de la industria alimenticia y para obtener aceite vegetal. Como si esto fuera poco, su cultivo no es complicado, ni requiere altos niveles de fertilizantes, sobre todo de nitrógeno, por cuanto como leguminosa es capaz de fijarlo mediante los nódulos de sus raíces donde se encuentran microorganismos del tipo *Rhizobium spp*, las conocidas bacterias nitrificantes, que viven en simbiosis con la planta. Por otra parte, desde el punto de vista económico, se puede emplear toda la planta. Además de su grano, el follaje restante se puede utilizar como alimento fresco para el ganado, o para obtener ensilaje con este propio fin. Por último, es fácilmente mecanizable y por su índice de crecimiento y características morfológicas, es muy fácil de manejar su cultivo.

La planta de maní no es muy exigente con el agua y niveles pluviométricos espaciados entre 400-600 mm permiten obtener buenos rendimientos en su corta temporada de vida, sobre los 3-5 meses. Esto hace que permita cultivos de secano, o regadío, de acuerdo con las condiciones agrícolas de cosecha.

En cuanto a la altitud, el cultivo del maní puede realizarse hasta un máximo de unos 1200 m en pendientes que no sean muy inclinadas, teniendo en cuenta que la planta posee una elevada capacidad fotosintética, lo que se traduce en altas necesidades de luz durante un tiempo perlongado, alrededor de diez ó más horas al día, y que los cultivos no puedan realizarse a la sombra.

La temperatura media recomendable de cultivo del maní es entre 25-30 C, aunque puede realizarse a mucho menores, como sucede en algunos países con climas subtropicales, o un poco mayores, de ahí su alta dispersión por el mundo.

Una vez recogida la cosecha, su fruto en vaina previo secado al sol, permite un tiempo de almacenamiento prolongado en condiciones normales de temperatura y humedad.

En lo referente a las características de cultivo, es recomendable la siembra en suelos sueltos y drenados, sin materia vegetal a su alrededor para facilitar las labores de labranza ante hierbas y plantas invasoras. El terreno requiere de un pH ligeramente ácido, cercano al neutro, con valores entre 6-7, aunque a veces por su demanda de calcio éstos pueden alcanzar valores relativamente mayores. La densidad de siembra recomendada responde a diversos criterios ambientales, incluso subjetivos propios de los cultivadores, pero se concuerda que ésta debe ser de 50-60 kg de semilla/ha, dependiendo de la variedad, y con una población media que puede estar entre 60 mil a 75 mil plantas/ha.

La profundidad media de siembra es del orden de los 4 cm. (dos semillas), con distancias de separación de 50-75 cm. entre surcos, dependiendo de la variedad, para evitar perdidas de luminosidad. La planta presenta un desarrollo lento los primeros días por lo que los sembrados pueden ser invadidos por la maleza. En cuyo caso es preferible que el grano de maní quede encima del surco, lo que se logra con un pase de arado de forma particular, o el empleo de herbicidas. La primera limpieza manual se realiza entre los 15 ó 20 días. Un elemento importante a tener en cuenta en la fertilización son los niveles de Ca, P y K por lo que se puede emplear la conocida fórmula 10-30-10.

Las plantas, de acuerdo con las variedades empleadas pueden caracterizarse por poseer un tallo erecto o rastrero. Para el cultivo se prefieren las que crezcan de forma erectas, pues son más fáciles de mecanizar. Éstas alcanzan un altura máxima de 60-70 cm. El color de las hojas es verde claro a oscuro, aunque puede haber violáceas. La raíz pivotante puede alcanzar 1,3 m. de longitud, acompañada por raíces secundarias y terciarias que forman una red enmarañada, y con nódulos de *Rhizobium spp*, al igual que otras leguminosas.

El ciclo vegetativo de las plantas es entre 90-150 días, dependiendo de la variedad: las precoses menos tiempo, y las tardías más. También inciden las condiciones climatológicas propias de la región.

Las hojas del maní son pinnadas con dos pares de foliolos oblongos de longitud media de 6 cm. de largo. Posee estipulas lineales puntiagudas largas.

Las flores presentan un: cáliz de forma tubular, con corolas de color amarillo dorado de 1-1,5 cm. de diámetro, con un pétalo mayor libre (estandarte), dos libres (alas) y otros dos con sutura longitudinal (quilla). Durante la inflorescencia se presentan racimos de tres a cinco flores en el que una sola madura. La flor es hermafrodita y su fecundación se realiza con un rendimiento mayor del 90%.

Una vez realizada la fecundación, el pedúnculo alarga más de 6 veces su tamaño hasta alcanzar cerca de 20 cm con dirección hacia abajo (geotropismo positivo), con lo que el ovario se entierra hasta alcanzar la madurez. El fruto en forma de vainas cilíndricas irregulares contiene las semillas, cuyo número es limitado: 2-4.

La maduración se detecta cuando las hojas se ponen amarillas, la cáscara se muestra consistente y la cubierta de los granos muestra una coloración de rosado a rojo, y es fácilmente desprendible. Una vez arrancadas las plantas, los frutos se dejan secar al sol de 1 a 2 semanas hasta que la semilla alcance un 10 % de humedad. El desgrane se realiza generalmente de forma mecánica y para el almacenaje deben utilizarse lugares con baja humedad y en un ambiente ventilado.

El fruto en vainas ubicado en las raíces es una legumbre, pero se considera generalmente un fruto seco, y así se expende en los mercados. En la composición de éste, además de aceite y proteínas, hay celulosa y hemicelulosa en proporción cercana al 10%, pectina poco más del 1%, almidón sobre el 4% y humedad sobre el 2%.

Existen múltiples variedades de cacahuete empleadas para el cultivo, que en general responden a las características culturales y las condiciones climáticas de las diferentes regiones donde se realizan los cultivos. En general, con las variedades de maní autóctonos, en Latinoamérica: criollos, se obtienen menores rendimientos. A continuación mencionaremos algunas variedades de uso frecuente con rendimientos altos: mayores de 2 TM/ha:

M-13 (India), produce granos grandes.

Exotic 5 (Argentina), también se caracteriza por granos grandes.

Fluronnir y Early Bundh (USA).

Georgia 119-120. Tiempo medio de cosecha 4 meses, rendimiento 2TM/ha.

Ranferi Diaz. Tiempo de cosecha 4 meses. Crecimiento erecto. Rendimiento de 2,5 TM/ha

En cuanto al fruto del maní, el 25 al 30 % es de cáscara y 70-75% grano. En general, la composición aproximada de este último, también llamado almendra o semilla es:

Lípidos: 46-48 %
Proteínas: 27-30%
Extracto: libre de N: 12-14%
Humedad: 4-6%
Cenizas: 2,8-3,0%
Almidón: 3,8-4,2%
Fibra: 2.6 -3,0%
Azúcares 4,3-4,7%

En el maní se han identificado como componentes secundarios:

Retinol, tiamina, riboflavina, niacina, ácido pantoténico y ácido ascórbico, tocoferoles, fitosteroles (β-Sitosterol, campesterol, estigmasterol), compuestos fenólicos, etc, entre otros componentes.

Minerales: P, Ca, Fe, K, Mg y Zn.

Estas características hacen del maní un producto agrícola con excelentes propiedades nutritivas integrales, pero donde sobresale sobre todo, las altas proporciones de lípidos y proteínas. En relación con éstas últimas, su contenido supera el de muchos tipos de carnes, por lo que es, al igual que la soja, un sustituto perfecto de éstas. Sin embargo, hay que tener en cuenta un obstáculo en lo referente a que se ha detectado un determinado número de casos de alergia al cacahuete, y se han realizado diferentes estudios para caracterizar las proteínas causantes de este problema, aspecto que trataremos más adelante.

En cuanto a su composición en grasas, es de destacar que en su fracción lipídica más del 50% corresponden al ácido oleico de notables propiedades antiaterogénicas y componente principal de otros aceites beneficiosos para la salud como el de oliva y aguacate, también sobresale su concentración de ácido linoleico en menor por ciento, sin que sean significativos los niveles de ácidos grasos saturados como el palmítico y el esteárico. Los casos detectados de intoxicación por aceite son mucho menores que en las proteínas y deben responder a concentraciones de éstas remanentes aún presentes en el aceite, sobre todo virgen.

En cuanto a la cáscara, o vaina del fruto, ésta tiene forma cóncava, espesor de 0,5 a 1 mm. Su peso específico es muy pequeño, del orden de 0,5 g/cm^3, con la siguiente composición básica:

Humedad: < 10 %
Fibra cruda: ~ 60 %

-celulosa: 50 %,
-lignina: 25 %,
-glucano: 20 %.

La cáscara del maní se puede utilizar como combustible, aunque se han realizado estudios para su empleo como alimento animal.

La delgada piel del grano de maní está constituida por un 50% de carbohidratos, y un 20% de fibra, junto con taninos y pigmentos vegetales. Generalmente, ésta se remueve de la almendra para evitar coloraciones, amargor y oros sabores inadecuados para el gusto. En la planta ésta juega un papel protector de la semilla.

Plagas:

El maní como cualquier otra planta puede ser afectada por diversas plagas, para mencionar algunas:

Hongos: *Aspergillus flavus* o *A. parasiticus* contamina las semillas con aflatoxinas que son sustancias potencialmente cancerígenas.

Carbón de maní: Causado por *Thecaphora frezij,* que ataca al fruto y sobrevive posteriormente en el suelo.

Insectos: joboto, gusano alambre (suelo), vaquitas, cigarrita, gusano de la hoja (follaje).

Otras enfermedades: pudrición (*Rhizoctonia solana*). Viruela (*Cercospora sp.*), roya, podredumbre del tallo, fusariosis (*Fusarium solana*), etc.

El control de las plagas se realiza generalmente por medios químicos.

Anexo 1.

ALERGIA AL CACAHUETE.

Es conocido que algunos alimentos causan alergia, sobre todo en las edades más tempranas, y el cacahuate es uno de los que se ha comprobado que producen este efecto en diferentes estudios y en casos que se han detectado, algunos hasta letales, lo que se agrava por la amplia variedad de productos derivados del maní que se emplean en la industria alimentaria: cremas, mantequillas, su consumo en grano como fruto seco, aditivo a carnes y ensaladas, en dulces y en numerosos productos más.

La frecuencia a estas alergias viene incrementándose en los últimos años en la medida que crece la producción de cacahuete, así como el uso y empleo de éste, dada su facilidad de contener y proporcionar una gran cantidad de proteína fácilmente digerible. Por otra parte, este tipo de alergia generalmente no decrece con la edad del individuo, y algunos consideran que puede tener naturaleza genética y se pueda transmitir de generación en generación, sin que esto esté totalmente comprobado.

Se han identificado algunos alérgenos en el cacahuete designados por los investigadores como *Peanut I, Ara hI y Ara hII*, entre otros, de diferente masa molecular y punto isoeléctrico, con la característica de que no sufren desnaturalización, ni descomposición por el calor a las temperaturas a las que generalmente es sometido el cacahuete y sus derivados para el consumo humano, lo que ocasiona que no se altere el efecto de los mismos sobre los individuos que los ingieran.

En pruebas con humanos de Peanut I, un alérgeno de masa molecular entre 20-30 Kd, se demostró su actividad biológica mediante la liberación de histamina en personas que mostraban alergia al cacahuete. Los demás alérgenos indicados, y otros más contenidos en el cacahuate han dado positivo en otros tipos de pruebas, con lo que se halla plenamente demostrada la actividad alérgica del cacahuete sobre las personas propensas a las mismas.

Trazas de estas proteínas presentes en el aceite de cacahuete pueden dar origen también a alergias, sobre todo en fórmulas preparadas con éste.

Este tipo de alergia se hace más difícil de combatir e identificar por cuanto los preparados de maní aumentan su uso como aditivos secundarios de muchos productos alimentarios: caramelos, cremas, dulces, helados, y también en restaurantes. Por otra parte, puede haber contaminación inadvertida en las maquinarias que se emplean en la manufacturación de alimentos cuando después del uso con cacahuete no reciben la adecuada limpieza, en este sentido se han reportado casos, lo propio puede ocurrir con útiles de cocina.

En relación con la anafilaxia (reacción alérgica grave), el cacahuete se ha señalado como responsable de una proporción alta de casos Los síntomas que acompañan a ésta son: urticaria, edemas, rinitis, asma, eccema, nauseas, prurito, diarreas, entre otros, en un variado y complejo cuadro clínico, que puede llegar en el peor de los casos a parada cardiaca y muerte, sobre todo en personas con antecedentes asmáticos. Esta reacción al cacahuete puede verse intensificada por otros factores como la ingestión de alcohol, ejercicios físicos etc.

Atendiendo a que muchos productos conteniendo

cantidades variables de cacahuete se consumen de forma imperceptible fuera del hogar, es recomendable que las personas expuestas a este tipo de afección, o que teman verse afectadas, ingieran los alimentos preferiblemente en casa y que estén atentos a los indicadores de composición de los productos elaborados o semielaborados, aunque en ocasiones éstos pueden encontrase en tan pequeña proporción, que los fabricantes no vean ningún motivo para indicarlos, pero por lo visto es necesario.

Aunque fuese de considerar que el aceite refinado de maní no debía contener niveles de proteínas significativos para provocar alergia, también se han detectado casos, sobre todo en fórmulas infantiles que incluían pequeñas cantidades de aceite de cacahuete. Como este tipo de fórmulas es frecuente, se agrava la situación, y está demás decir que el aceite crudo de maní contiene proporciones identificables de proteínas. Por último, que el aceite de cacahuete se incluye en determinadas formulaciones dietéticas con lo que se generaliza más aún el problema.

El modo de manufacturar el aceite crudo de cacahuete influye decisivamente en el peligro de alergia, de manera que los aceites obtenidos a presión en frío muestran mayor predisposición a producir alergia que los obtenidos en caliente, por lo que lo analizado hasta ahora sobre las mayores bondades de los aceites vírgenes que los tratados mediante procesos fisicoquímicos, no son adecuados en el caso del aceite de maní por las razones antes indicadas.

Por último destacar que:

La Ley de Alérgenos Alimenticios y Protección del Consumidor del 2004 (Food Allergen and Consumer

Protection Act) requiere que los alimentos indiquen los ingredientes con sus nombres comunes para los 8 alérgenos alimenticios principales. En los Estados Unidos los 8 alérgenos alimenticios principales son el huevo, la leche, la soya, el trigo, el maní/cacahuete, los frutos secos, el pescado, y el marisco.

III.- ACEITE DE MANÍ (CACAHUETE)

1.- Perfil Lipídico.

Como con todos los aceites vegetales, el paso previo, una vez conocida la planta de origen, es estudiar su perfil lipídico, con el cual se puede pronosticar cual será su comportamiento químico, sus propiedades y usos, así como su posible acción biológica sobre el organismo, lo cual es necesario realizar para cada aceite en particular, pues todos difieren en su composición, y hasta en un mismo tipo se observan variaciones relacionadas con la variedad y las condiciones de cultivo. En esto, el aceite de maní no resulta una excepción.

Es recomendable, pese a lo difícil o imposible de realizar clasificaciones y agrupaciones sistemáticas de aceites con perfiles parecidos, más que dividirlos por su procedencia: frutos o semillas, como más comúnmente se realiza, establecer una delimitación en grupos relacionados con la naturaleza de los ácidos grasos que los componen en: saturados, monoinsaturados y poliinsaturados, para de ahí inferir determinados comportamientos, al menos, los relacionados con su potencial nutritivo y efectos sobre el organismo humano.

Así, los aceites ricos en ácidos grasos saturados (AGS), esto es, sin dobles enlaces en la cadena hidrocarbonada de los principales componentes lipídicos, muestran temperaturas de fusión, ebullición y puntos de humo relativamente altos, son muy estables termodinámicamente, y ralentizan las reacciones de oxidación, dan muy buen acabado a los productos alimentarios sometidos a conservación, y presentan características óptimas para freír, entre otras propiedades. No obstante, desde el punto de vista de su protección o no sobre las enfermedades cardiovasculares (ECV) constituirán un factor de riesgo y generalmente elevarán los niveles de colesterol (CT) y lipoproteínas de baja densidad (LDL) a los individuos que los consumen, así como también pueden estar asociados con la elevación de peso corporal y los niveles de triacilfglicéridos (TAG). Dentro de estos podemos ubicar al aceite de palma, entre otros.

En el caso de los aceites ricos en ácidos grasos monoinsaturados (AGMI), es de esperar que sean menos estables termodinámicamente que los anteriores, no sean óptimos para dar un acabado a los alimentos preelaborados, y sus temperaturas de fusión, ebullición y punto de humo sean menos altas, así como que resulten menos estables y puedan participar en reacciones de hidrólisis y oxidación con una mayor cinética, lo que posibilite la aparición de radicales libres. También su comportamiento en las frituras, aunque no del todo malo, no será tan bueno como con los aceites ricos en AGS y todo debido al doble enlace en alguna posición de la cadena hidrocarbonada, aunque generalmente se encuentra entre los carbonos intermedios. Pero desde el punto de vista de la salud humana, estos aceites protegen al organismo de los factores de riesgo de las ECV en factores tales como que disminuyen los niveles de CT, de LDL, elevan las benignas lipoproteínas de alta densidad (HDL), pueden disminuir los TAG y contribuyen a no elevar el peso corporal, según los muchos estudios realizados en los últimos 70 años. Prototipo básico de este aceite vegetal es el de oliva, así como los alto oleico que han venido desarrollándose en los últimos años por selección, hibridación o modificación genética, también el aceite de aguacate de producción aún limitada, y cuya composición se asemeja en casi todo a la del aceite de oliva.

En el otro extremo se encuentran los aceites vegetales con alto contenido de ácidos grasos poliinsaturados (AGPI) (dos o más dobles enlaces en la cadena hidrocarbonada), en su composición, los cuales no son recomendables para dar un adecuado acabado a los alimentos preelaborados o que demoren en ser consumidos, son menos estables termodinámicamente, muestran menores temperaturas de fusión, ebullición y punto de humo, son muy propensos a sufrir reacciones de hidrólisis, oxidación y auto oxidación y a la formación de radicales libres, lo que los hace poco recomendables para freír. Los prototipos de estos ácidos grasos: el linoleico y el linolénico, son considerados sustancias esenciales para el organismo humano, éste no los metaboliza, por lo que deben suministrarse a través de la dieta, y ejercen un efecto protector sobre las enfermedades cardiovasculares, quizás actúen con mayor velocidad e intensidad que los (AGMI), pero en su contrapartida está el que el factor que los hacen buenos en el sentido anterior: su mayor insaturación, actúa en su contra, no solo en que sean menos estables y tiendan a hacerse rancios con mayor facilidad, sino en el hecho que estas mismas reacciones de oxidación, autooxidación, liberación de radicales libres etc. pueden producir daño celular no observable de inmediato, pero que pueda ocasionar la muerte celular, y hasta provocarse malformaciones en éstas que degeneren en enfermedades neoplásicas.

Es por esta razón que en el momento de enfrentarse al estudio de un nuevo aceite vegetal, es imprescindible analizar su perfil lipídico para de él inferir sus propiedades y el uso que se le va a dar, aunque ubicar a un aceite dentro de un grupo de esta clasificación resulta a veces complicado, pues generalmente la composición lipídica es dispersa y pueden aparecer ácidos grasos de muy variada naturaleza y composición.

El aceite de cacahuete es un producto que puede mostrar el comportamiento que acabamos de describir, pues posee una concentración apreciable de ácidos grasos monoinsaturados, pero también es rico en poliinsaturados como el linoleico, a más que la relación cuantitativa entre ambos ácidos varía sustancialmente por diversos factores, incluyendo la variedad de la planta de la que se extrae el aceite, y los factores climáticos y normas culturales de cultivo.

A continuación reflejaremos dos perfiles lipídicos para el aceite de maní donde podrán valorarse estas diferencias. El primero de estos perfiles fue destacado en un estudio de varias variedades de maní realizadas por Holaday y Pearson en 1974.

Composición de ácidos grasos del aceite de cacahuete (% molar). Variedad Fluorunner. (Holaday and Pearson 1974).

Ácidos grasos	Concentración
C16:0 Palmítico	11,4
C18:0 Esteárico	2,3
C20:0 Aráquico	1,2
C22:0 Behénico	2,4
C24:0 Lignocérico	1,2
TOTAL AGS	**18,5**
C18:1 Oleico	51,9
C20:1 Erúcico	1,2
Total AGMI	**53,1**
C18:2 Linoleico	28,5
Total AGPI	**28,5**

El cociente o la relación ácido oleico/ácido linoleico (**O/L**) (53,1/28,5) para este aceite da un valor de 1,86.

Análisis realizados por los mismos autores para las variedades de cacahuete **Starr** y **Florigiant** arrojan:

Starr: **O/L** (44,6/32,1) = 1,39

Florigiant: O/L (52,7/26,6) = 1,98.

Lo que indica diferencias apreciables en esta relación que nos da una idea de la intensidad del carácter monoinsaturado o poliinsaturado de la composición química de este aceite.

En relación con lo anterior, Belitz y Grosh (1997) indican como composición lipídica del aceite de cacahuete la siguiente:

Composición lipídica del aceite de cacahuete (g/100g de aceite). Belitz y Grosh (1997).

Ácidos grasos	Concentración
C16:0 Palmítico	10,0
C18:0 Esteárico	3,0
C20:0 Aráquico	1,5
C22:0 Behénico	1,0
C24:0 Lignocérico	1,2
Total AGS	**16,7**
C18:1 Oleico	41,0
C20:1- C22:2	1,0
Total AGMI	**42,0**
C18:2 Linoleico	35,5
Total AGPI	**35,5**

La relación **O/L**, (41,0/35,5) para este aceite arroja un valor de 1,154. Por cuanto la concentración de estos ácidos en el aceite de maní se encuentran muy próximas.

Este tipo de coeficiente es muy útil cuando se valoran aceites de semillas de composición lipídica muy alta en ácidos grasos poliinsaturados como, a modo de ejemplo, el de girasol, y las variedades que producen aceite de girasol alto oleico.

De acuerdo con nuestros datos y para el aceite de girasol

estándar, las concentraciones porcentuales de ácido oleico y ácido linoleico son 37,3 y 48,3, respectivamente, lo que da un índice **O/L** de: (37,3/48,3) = 0,77, mientras que en las variedades de girasol productoras de ácidos alto oleicos, la relación se eleva drásticamente: (82,2/7,3) = 11,3; lo que es un indicador más que suficiente sobre las mejoras de este aceite en su estabilidad y resistencia a la oxidación, entre otras propiedades, aunque no en relación con las ECV, sino en la disminución del suministro de posibles agentes productores de radicales libres, y por consiguiente en el daño celular y la posible aparición de neoplasias y otros males asociados con estos peligrosos agentes intermediarios de reacción, muy activos y agresivos.

Por último, la comparación de las relaciones **O/L** para los aceites de maní y girasol es un indicador de las mayores ventajas para la salud del primero sobre el segundo, claro, si no estuviese siempre latente el problema de las alergias asociadas con el consumo de maní y las proteínas residuales que puedan pasar al aceite en su proceso de obtención.

Además de este tipo de indicador, sería conveniente valorar otro relacionado con el efecto protector o no sobre las enfermedades cardiovasculares de un tipo de aceite, en que en vez de valorar el cociente **O/L,** se hiciese con la relación ácido oleico/ácido palmítico (**O/P**), pues se considera que este ácido graso saturado ejerce un efecto negativo sobre las ECV, al elevar los niveles de CT, LDL, TAG, entre otras. Esto de hecho, es lo que le da un valor agregado al aceite de palma alto oleico, donde no tiene ningún sentido relacionar las concentraciones de ácido oleico con las de linoleico. Así en el híbrido **OxG** obtenido mediante el cruce de las palmas africanas y americanas, la relación de **O/P** del híbrido alcanza un valor aproximado de 1,21; muy superior al de la palma original (**Elaies guineensis**) que era aproximadamente de 0,91, lo que puede resultar un indicador relativamente confiable de la mejora del aceite obtenido sobre las enfermedades cardiovasculares.

Volviendo a los análisis de los perfiles lipídicos para diferentes variedades de aceite de maní, es necesario destacar que en éstos tienen incidencia un gran número de factores incluyendo, además de la variedad, las condiciones de cultivo, la luminosidad, y el grado de madures del fruto, entre otros. Así, con el avance de la madurez se elevan las concentraciones de ácido oleico y por consiguiente la relación **O/L,** también se ve afectada la concentración de diferentes componentes secundarios, porque en definitiva cuando ésta se alcanza, se incrementan notablemente los aceites con alto contenido de triacilglicéridos, mientras en igual medida descienden los diacilglicéridos, los ácidos grasos libres y los lípidos polares, con lo que mejora sustancialmente la calidad del aceite y su rendimiento.

En datos cuantitativos, y tomando como parámetro estados de madurez aparentes, el contenido total de aceite de maní se duplica desde el inicio de la madurez hasta el final del proceso, los contenidos de triacilglicéridos se elevan más de un 11%, los ácidos grasos libres descienden más de seis veces. Los diacilglicéridos 2,6 veces y los lípidos polares alrededor de 3,6 veces.

Visto esto, y sobre la base de que en muchas ocasiones el grado de madurez del maní se controla por métodos empíricos tradicionales, poco exactos y puede que no fiables del todo, parecería conveniente realizar medidas precisas y exactas sobre este parámetro, lo que redundaría en notables beneficios para los productores en cuanto a calidad y rendimiento de las cosechas. Al parecer este problema ocurre con otros aceites, pues en estudios con aguacates se llega también a conclusiones semejantes sobre las correlaciones en el grado de madurez y el perfil lipídico de los aceites.

Atendiendo a que los perfiles lipídicos del aceite de maní y de otros aceites vegetales reportados muestran valores generalmente diferenciados, lo que conlleva a incertidumbres y dificultades de interpretación y para extraer conclusiones razonables, los valores normados internacionalmente establecen intervalos en vez de cifras absolutas, lo que conlleva a facilitar su empleo y sobre todo las transacciones comerciales, por lo que se establecen normas de obligatorio cumplimiento a la hora de comerciar cada producto. Para el aceite de cacahuete se recogen los intervalos límites de acuerdo con el **Codex Stan 210-1999**.

Codex Stan 210-1999, para el aceite de cacahuete.

Ácidos grasos   Intervalo de Concentración (%).

Ácidos grasos	Intervalo de Concentración (%)
C16:0 Palmítico	8-14
C18:0 Esteárico	1-4,5
C20:0 Aráquico	1-2
C22:0 Behénico	1,4-4,5
C24:0 Lignocérico	0,5-2,5
C18:1 Oleico	35-69
C20:1 Erúcico	0,7-1,7
C18:2 Linoleico	12-43

Es de notar que en todos los perfiles lipídicos estudiados

del aceite de cacahuete, incluyendo el Stan de referencia, aparecen concentraciones bajas, pero medibles, de ácidos grasos de cadena muy larga: igual o mayor que 20, cuestión que no ocurre en otros aceites convencionales donde estos valores son muy poco significativos. También que en el aceite de maní se encuentran determinadas cantidades de ácido erúcico considerado una toxina natural, aunque con niveles por debajo del que establecen las normas internacionales. Atendiendo a lo anterior, se muestra al final del capítulo algunas propiedades básicas de estos ácidos grasos.

2.- Aceite de Maní Alto Oleico.

Al igual que para el girasol, el maíz, la soja, y otros aceites vegetales, en las últimas décadas del siglo pasado se identificaron especies de cacahuete que rendían alto contenido de ácido oleico y mostraban una elevada relación **O/L**, con contenidos medios del orden del 80% de ácido oleico y de 2-3% de ácido linoleico, manteniendo el aceite las mismas propiedades de color, olor, sabor, etc., así como mucha mayor resistencia a la oxidación (del orden de 10-15 a veces) en relación con el del aceite de maní con perfiles lipídicos normales. La estabilidad oxidativa, resistencia a la rancidez y niveles de peróxido de algunos productos del maní de esta variedad mostraron una correlación directa con el cociente **O/L**.

Relacionando ahora los cambios en las concentraciones de ácidos grasos oleico y leinoleico de la variedad de maní estándar, con la de maní alto oleico, se obtiene un indicador **O/L** que varía de una media de 1,15 a una de 32,5 aproximadamente, incremento de una magnitud mayor que el que se nota en la mayoría de los aceites vegetales alto oleicos, incluyendo el de girasol que como mencionábamos variaba de 0,7 a 11,3; lo cual está dado en el aceite de maní por la drástica disminución de los contenidos de ácido linoleico, sin contar que las mejoras de variedades de cultivos se realizan al parecer de forma más natural y en mayor concordancia con la naturaleza de la planta.

3.-Componentes Secundarios del aceite de Cacahuete.

3.1.-Esteroles:

Se han identificado un variado número de esteroles en el aceite de maní virgen, entre los que destacan de acuerdo con su presencia en mg/100 g de fracción insaponificable de aceite, los siguientes:

β-Sitosterol: 217
Campesterol: 49
Estigmasterol: 36
Δ5-Avenasterol: 26
Δ7-Estigmasterol: 6
Δ7-Avenasterol: 2

Total: 337

Estos esteroles son en esencia alcoholes con longitud de cadena entre 27-29 átomos de carbono, y su contenido en el aceite es mucho mayor que en el maní crudo natural, como se puede ejemplificar para el β-Sitosterol (142), Campesterol (24) y Estigmasterol (23). Estos valores son de suma importancia teniendo en cuenta que se ha reportado acción inhibitoria en el crecimiento y desarrollo de cáncer de colon, próstata, etc., por parte del β-Sitosterol.

3.2.-Tocoferoles.

Los contenidos de tocoferoles en el aceite de maní virgen procesado mediante presión en frío son altos y se encuentran en un amplio espectro entre 100-600 ppm, dependiendo de las condiciones climáticas y las variedades de cultivo de la planta, como se ha demostrado al encontrar diferencias medias de más de 100 ppm. en aceites obtenidos en Estados Unidos y en regiones australes, como Argentina. La estabilidad oxidativa de estos aceites está relacionada en parte, con la relación **T/L** (T: concentración de tocoferoles), atendiendo a las propiedades antioxidantes de los tocoferoles.

Estos niveles menores de tocoferoles encontrados en variedades de maní sembradas en la zona austral se han correlacionado con la presencia de mayores contenidos de metales oxidantes como Cu y Fe, que se encuentran en menor concentración en los aceites norteamericanos.

La estabilidad oxidativa del aceite de maní está en estrecha correlación con el contenido de tocoferoles.

3.3.-Polifenoles

En la cáscara, la semilla y la piel fina del maní se han encontrado concentraciones diferenciadas de polifenoles siendo muy elevadas en la piel: superiores a 700 ppm, y en el grano: por encima de los 380 ppm. El contenido en la cáscara es mucho menor, y es del orden de las 130 ppm. Estos valores son indicativos de un mayor efecto antioxidante del maní con piel que sin ella, por lo que ésta es una fuente barata, o alternativa de antioxidantes, así como que la cáscara, y sobre todo la piel, ayudan a conservar el grano de maní durante el almacenamiento.

Estos valores en la concentración de polifenoles

cambian cuando el maní es sometido a procesos de calentamiento o tostado, en este sentido, en la semilla baja hasta valores de 320 ppm y en la cáscara hasta 60 ppm, mientras en la piel ocurre un fenómeno inverso y éste sube considerablemente hasta valores por encima de los 1800 ppm, aunque estos datos pueden ser preliminares y se requiera realizar nuevos experimentos.

4.-Propiedades Fisicoquímicas del Aceite de Cacahuete.

El aceite de maní se presenta como un líquido claro, ligeramente amarillento, de olor característico al fruto cuando es virgen, pero que resulta imperceptible, o muy bajo cuando es refinado.

Las principales propiedades fisicoquímicas del aceite de maní se presentan a continuación:

Parámetro	Valor
T. f.	0-3C
T. eb.	232C
Punto de humo	229C
D_{20C}	0,915 g/cm^3
Viscosidad	74.7 a 76.8 mm^2/s
Índice de Yodo	82-106
Índice de peróxido	10 meq/L de aceite
Calor de fusión	90,7 J/g
Índice de Refracción	1,463
Lípidos insaponificables	0,40%
Ácidos grasos libres	< 0,1%
Índice de saponificación	188-195 mg KOH/g

Es preciso destacar de estos valores que el índice de yodo como medida del grado de insaturación de los ácidos grasos presentes en el aceite de maní, es correlativo con las concentraciones de ácido linoleico y de oleico que éste contiene, y es menor que el de algunos otros aceites como el de algodón, soja, etc.

En lo que respecta al índice de peróxidos, éste presenta un valor relativamente alto, indicativo del grado de oxidación del aceite y relacionado también con los niveles de instauración y la posibilidad de que éste pueda oxidarse y deteriorarse como un material rancio por la oxidación del ácido linoleico para producir peróxidos e hidroperóxidos. Se puede tomar como un indicador de la calidad del aceite en lo relativo a su resistencia a la oxidación.

La materia insaponificable se refiere fundamentalmente a la presencia de productos secundarios como los esteroles, tocoferoles y polifenoles presentes en el aceite.

5.-Estabilidad del Aceite de Cacahuete.

La estabilidad a la oxidación del aceite de cacahuete crudo varía notablemente de acuerdo a las fuentes de obtención, y se encuentra en un rango del orden de 3 a 6 meses, sin que se aprecien indicadores de oxidación: color, sabor, olor, o presencia de peróxidos, en algunos casos menores y en otros mayores. En el caso del aceite de maní refinado, a éste se le pueden añadir antioxidantes, por lo que éste se comporta como el resto de los aceites vegetales refinados.

No obstante a lo anterior, en estudios realizados acompañados de determinaciones del índice de peróxidos, Ip (meq O_2/kg) en muestras de aceite de maní durante 28 días de almacenamiento a 60C, estos se elevaron de valores menores que 1,0 hasta intervalos de

25-100.

En todo este tiempo la relación **O/L** se elevó entre 1 y cuatro veces en comparación con la original, lo que es indicativo de la disminución de la concentración de ácido linoleico poliinsaturado, motivado por la oxidación de éste. De todas formas, el aceite de maní se comporta de manera más estable que otros aceites vegetales como el de soja, maíz y girasol.

APÉNDICE 2.

ÁCIDOS GRASO PRESENTES EN EL ACEITE DE CACAHUETE.

1.-Ácido palmítico: (C16:0). Hexadecanoico.

$CH_3-(CH_2)_{14}-COOH$

Estado físico: Sólido (blanco).

M: 256,4 g/mol
Tf. 62,9 C
T.eb. 351 C
Densidad: 0,85 g/cm³.

El ácido palmítico es el más abundante entre los alimentos que se consumen, por cuanto además de los aceites vegetales se encuentra en alta proporción en las grasas animales, sobre todo en la de porcinos y vacunos (25%). De los aceites vegetales donde más prevalece es en el de palma (43%).

Es muy estable y difícil de oxidar por ser un ácido graso saturado, por lo que los aceites donde se encuentra dan durabilidad y estabilidad a los alimentos donde se añade.

Se le atribuye un efecto aterogénico negativo en la prevención de enfermedades cardiovasculares (**ECV**) por cuanto en ensayos en animales y humanos eleva los niveles de colesterol y lipoproteínas de baja densidad (**LDL**).

2.-Ácido Esteárico: (C18:09). Octadecanoico.

$CH_3-(CH_2)_{16}-COOH$

Se presenta como un sólido blanco ceroso, insoluble en agua, pero sí en compuestos orgánicos de baja polaridad.

M: 284,48 g/mol
Tf. 69,0 C
T.eb. 311 C
Densidad: 0,94 g/cm³.

El ácido esteárico es muy estable y difícil de oxidar lo que es motivado por su alto nivel de saturación, por lo que los aceites en que se encuentra dan durabilidad y estabilidad a los alimentos donde se añade.

Pese a ser un ácido graso saturado de mayor cadena hidrocarbonada que el ácido palmítico, no se ha arribado a conclusiones sobre su efecto negativo sobre los parámetros ateroscleróticos, esto es, su incidencia sobre los niveles plasmáticos de colesterol y LDL.

El ácido esteárico se encuentra en elevada proporción en los aceites de palma y en las grasas o cebos de vacunos (20%).

3.-Ácido Oleico (C18:1). Cis-9-octadecenoico.

$CH_3-(CH_2)_7-CH=CH-(CH_2)_7-COOH$

Líquido aceitoso de color amarillo pálido a temperatura ambiente. Es insoluble en agua, pero si en disolventes de baja polaridad.

M: 242,47 g/mol
Tf.: 15,0 C
T.eb.: 360 C
Densidad: 0,895 g/cm^3.

Se encuentra en la mayoría de los aceites vegetales y se considera que ejerce un efecto protector sobre las **ECV**, al disminuir las concentraciones de colesterol sérico, y de las **LDL**, a la vez que se considera que se incrementan las lipoproteínas de alta densidad **(HDL)**. En el aceite de oliva se encuentra en proporciones muy elevadas, mayores que el 80%.

4.-Ácido Linoleico (C18:2) Cis, cis-9,12-Octadecadienoico

COOH-(CH$_2$)$_7$-CH=CH-CH$_2$- CH=CH-(CH$_2$)$_4$-CH$_3$

Estado Líquido

M: 280,45 g/mol
Tf.: -5,0 C
Densidad: 0,90 g/cm^3.

Es un ácido graso esencial de la serie omega 6 (ω-6), que no puede ser producido por el organismo humano, por lo que éste lo adquiere a través de la alimentación. Está muy extendido en los aceites de semillas como el de soja, maíz y girasol, a los que les confiere cierta inestabilidad ante las reacciones de oxidación, lo que implica que a éstos se le añadan antioxidantes de cierta potencia, fundamentalmente al aceite de soja, que implica la adición de antioxidantes sintéticos y que sea necesario conservar el aceite en refrigeración, una vez abierto los frascos que lo contienen.

Se considera que ejerce un factor beneficioso sobre el

colesterol y las **LDL** y por consiguiente sobre las **ECV**.

5.- Ácido Aráquídico. (C20:0). Eicosanoico.

CH3-(CH2)₁₈-COOH

Fórmula global: $C_{20}H_{40}O_2$

M: 312,53 g/mol
D_{20}: 0,824 g/cm³
T.f.. 75,3 C
T.eb. 328 C

Entalpía de fusión a 348 K (69,2 kj/mol)
Entalpía de vaporización a 392 K (125,5 kj/mol).
Entalpía de sublimación a 342 K (199 kj/mol)
Entalpía de transición de fase a 348 K (69,2 kj/mol)
Entropía de transición de fase a 348 K (198 kj/mol)

Estado sólido.

Se encuentra principalmente en el aceite de maní, de donde proviene su nombre, y en él se halla en una concentración media porcentual de 1,0-2,0. Es un ácido graso saturado. Se puede obtener por hidrogenación catalítica del ácido araquidónico **(C20:4).**

En el aceite de maní se encuentra también en mucha menor cantidad el ácido monoinsaturado correspondiente: **C20:1**, Gadoleico. 11-Eicosenoico.

6.-Ácido Behénico (C22:0) Docosanoico.

CH$_3$-(CH$_2$)$_{20}$-COOH

Sólido blanco a temperatura ambiente.

M: 340,58 g/mol
Tf.: 80,0 C
T.eb.: 306,0 C
Densidad: 0,893 g/cm^3.

Ácido graso saturado de cadena muy larga, que puede estar asociado con el daño aterosclerótico, se encuentra en muy pequeña proporción en el aceite de colza. Se halla en el aceite de cacahuete en una proporción media del 1,4-4,5%

7.-Ácido Erúcico (C22:1). 13-Docosenoico

CH$_3$-(CH$_2$)$_7$-CH=CH-(CH$_2$)$_{11}$-COOH.

Sus principales características están detalladas en una nota anexa. Se encuentra en proporciones medias del 0,7-1,7% en el aceite de maní, aunque su principal fuente es la variedad de colza original, en cuyo aceite puede encontrarse en proporciones superiores al 40%, lo que motivó los intensos trabajos realizados en la década del 70 del siglo pasado para obtener una variedad de colza con bajo contenido de este ácido: la canola, en cuyo aceite no supera los 2,5%.

8.-Ácido Lignocérico (C24:0). (Tetracosanoíco).

CH$_3$-CH$_2$)$_{22}$-COOH.

Fórmula global: **C$_{24}$H$_{48}$O$_2$**

Sustancia sólida a temperatura ambiente.

M: 368,63 g/mol
T. fus. 84,2C
T. eb. 272C

El ácido lignocérico es un ácido graso de cadena muy larga que se encuentra en el alquitrán de madera, así como en pequeñas cantidades en diferentes grasas y aceites, también forma parte de los ácidos contenidos en el cerebro de algunos animales. El aceite de maní lo contiene en proporciones medias de 0,5-2,5%.

NOTA COMPLEMENTARIA: ÁCIDO ERÚCICO.

El ácido 13-docosenoico (C:22:1:9), es un ácido graso monoinsaturado que consta de una cadena con 22 átomos de carbono y un doble enlace en la posición # 9, contada a partir del primer carbono de la cadena hidrocarbonada opuesto al grupo carboxilo, por lo que se considera un ácido del grupo de los omega-9 (ω-9), a los que también pertenece el ácido oleico (**C:18:1:9**) presente en el aceite de oliva extraído de las aceitunas y en muchos aceites comestibles.

Su nombre proviene del latín *eruca,* una planta de la familia *Brassicaceae,* a la que pertenece la colza original (no la canola) en cuyo aceite se encuentra en una proporción superior al 40%.

Al ácido erúcico se le relaciona con diferentes problemas de salud, incluyendo en órganos tan delicados como el corazón. En estudios en animales alimentados con cantidades significativas de este ácido, se comprobó la presencia de depósitos grasos en el miocardio.

No obstante, se ha mostrado su efectividad en el

tratamiento de la *adrenoleucodistrofia* (**ALD**) mezclado con ácido oleico en la proporción de uno a cuatro, es decir: una parte de ácido erúcico y 4 de oleico, en lo que se da en llamar el *Aceite de Lorenzo,* nombre del niño con el que se empleó en un connotado hecho real (llevado al cine) de amor filial de unos padres por su hijo y sus esfuerzos extraordinarios por salvar y alargar su vida.

Desde mediados del siglo XX se conocía que el ácido erúcico, que se encontraba en gran proporción en el aceite de colza que se comercializaba en aquella época, resultaba perjudicial para la salud, lo que motivó que más adelante se prohibiera su uso por la **FDA** en 1965.

Este problema motivó los intensos estudios de cruzamiento genético llevados a cabo en Canadá (país necesitado de este aceite) en los años siguientes para obtener una variedad de colza con un bajo contenido de ácido erúcico, variedad que dio en llamarse *canola,* cuyo aceite es el que se comercializa en la actualidad y constituye el tercero en orden de producción en el mundo. No obstante, en este aceite se mantienen concentraciones remanentes de ácido erúcico que no deben sobrepasar el 5%, y aún menos en algunos países, según sus normas específicas.

Los estudios para obtener la *canola* fueron liderados por el Dr. Baldur Stefansson, de la Universidad de Manitoba, quien en 1974 logró la primera variedad con valores muy bajos de ácido erúcico y glucosinolatos, a partir de la *Brassica napus,*

El ácido erúcico es también considerado una toxina natural, recogida como contaminante alimentario en la Comunidad Económica Europea (**CEE**), boletín número 315/93.

Este organismo también dictó la Directiva 76/621/CEE que estableció un contenido máximo de ácido erúcico en los aceites vegetales y que después, en una nueva directiva 2006/141/CE, incorporada, definió una proporción aún menor en lactantes.

En los años siguientes se establecieron nuevas normativas por la Unión Europea, incluso para piensos de animales, así como se realizaron estudios que llevaron en 2016 al grupo científico sobre contaminantes químicos de la cadena alimentaría (**CONTAM**) de la Autoridad Económica de Salud Alimentaría (**EFSA**) a establecer un dictamen por el que considera:

Para la mayoría de los humanos, el contribuyente principal a la exposición alimentaría al ácido erúcico es el grupo de alimentos denominados "Productos de repostería fina". En los lactantes (<12 meses de edad) es el grupo de alimentos para lactantes y niños.

El corazón es el órgano diana principal en cuanto a los efectos tóxicos del ácido erúcico. El grupo identifica la lipidosis miocárdica como el efecto crítico para la exposición crónica al ácido erúcico. Este efecto es reversible y transitorio durante una exposición prolongada.

Atendiendo a lo anterior, el citado organismo estableció una ingesta diaria tolerable (**IDT**) de 7 mg/kg de peso corporal y día de ácido erúcico sobre la base de un nivel sin efecto adverso observado (**NOAEL**) de 0,7 g/ kg de peso corporal y día para lipidosis, a partir de estudios realizados en ratas jóvenes y lechones recién nacidos.

No obstante a lo expuesto con anterioridad, el contenido de ácido erúcico residual presente en el aceite de *canola* es una asignatura aún pendiente para los productores e investigadores a pesar de los importantes avances alcanzados en este campo.

IV.-TECNOLOGÍA PARA LA OBTENCIÓN DE ACEITE DE MANÍ (CACAHUETE)

1.-Breve Introducción.

La obtención de aceite de cacahuete se puede realizar fácilmente de variadas maneras, a lo que ayuda la abundancia del grano y su distribución y venta en los mercados minoristas. Por otra parte, el solo hecho de prensar los granos y tamizar el liquido obtenido es una forma sencilla de obtener aceite, claro está: el crudo, y con el agravante que el mismo puede contener proteínas nada recomendables para los que sufren de alergia al maní.

Con respecto al cacahuete, no podemos hablar en un sentido estricto de tecnologías completamente nuevas para el proceso, pues estamos en presencia de un producto archiconocido desde tiempos inmemoriales y con múltiples aplicaciones de él y de sus productos agregados como la pasta y su aceite. Además, en esencia, en lo que respecta al aceite refinado las técnicas difieren muy poco a las tecnologías empleadas con los demás aceites vegetales.

Desde mediados del siglo XIX se reporta la existencia en Europa de molinos que extraían aceite de maní por trituración de granos procedentes de las colonias africanas. El aceite en cuestión, poseía la suficiente calidad para el consumo humano de acuerdo con las escasas normativas y controles de calidad de la época.

Pronto la tecnología de obtención de aceite mediante molinos se propagó por los diferentes países con cierto grado de desarrollo industrial, no solo en Europa, sino en todo el mundo. Este tipo de tecnologías se mantiene aún en la actualidad, a la que se suman otras con el empleo de disolventes, u otras maquinarias modernas.

Con el cacahuete ocurre un poco como con el aguacate, y algunos países, entre ellos los más desarrollados como Estados Unidos, emplean la mayor parte del grano cultivado como alimento, dadas las excelentes cualidades nutritivas del mismo, su aroma y la facilidad de consumirse directamente.

Una de las impurezas básicas del aceite de maní es la aflatoxina, la cual se relaciona con enfermedades malignas y es producida en el grano de éste, y en los de otras plantas oleaginosas, por algunos hongos del género *Aspergillus*, los cuales son estrictamente controlados en los granos y sus derivados,

Aunque las aflatoxinas están relacionadas con el material proteico del cacahuete, no debía encontrarse en derivados como el aceite. Los residuos de la extracción de aceite de maní por los diferentes métodos empleados pueden contener determinadas cantidades de aceite que se evacua junto con la fibra, proteínas y otros nutrientes, y en forma de tortas para la alimentación animal, o como fertilizante.

Definiciones.

El primer aspecto a tener en cuenta en el estudio de los principios tecnológicos del proceso para obtener aceite de maní es su definición. En este sentido, en los primeros tiempos se definía el aceite de maní…"como el obtenido por extracción física o con solventes de las semillas de la planta *Arachis hipogaea L.*".

En estos primeros tiempos, en normas de la década de los 80 del siglo pasado, comúnmente se podía hablar de *aceite comestible de maní o de cacahuete indistintamente*. Dentro de aquellas normas también se recoge que el aceite de maní debe obtenerse de "… *semillas sanas, limpias y en perfecto estado de conservación*". También que no debería contener ningún otro aceite mezclado, y estar exento de humedad y sedimentos.

También se recogía que desde el punto de vista organoléptico este aceite debía estar límpido, y exento de rancidez y de olores y sabores extraños. Como se recuerda, el aceite de maní puede contener antioxidantes añadidos que permitan que se mantenga estable, sin sufrir deterioro durante un tiempo prolongado.

En tiempos más recientes, y de acuerdo con la norma mexicana **NMX-F027-SCFI-2006,** se define el aceite crudo de cacahuete como: *"…un líquido graso de color amarillo pálido obtenido por expresión mecánica y/o por extracción con solventes de la semilla de cacahuete (Arachis Hipogaea L.) y/o de sus variedades bio-tecnológicas que sean aptas para el consumo humano".*

Por su parte, en esta norma se define el aceite refinado de cacahuete como *"...el producto obtenido del aceite crudo de cacahuete cuando éste es sometido a un proceso de refinación que se lleva a cabo por vía de refinación química y/o de refinación física. El proceso de refinación física puede consistir de las siguientes etapas: pretratamiento, blanqueo y deodorización. El proceso de refinación física consiste de las siguientes etapas: neutralización, lavado, secado, blanqueo y desodorización"*.

Visto esto, pasaremos a describir brevemente las etapas del proceso para obtener aceite de maní crudo y refinado.

2.-Tecnología de Producción de Aceite Crudo de Maní.

Las técnicas para obtener aceite crudo de maní son relativamente simples y han sido empleadas por la humanidad desde hace cientos de años, aunque en los últimos tiempos han sido retocadas con el empleo de medios automáticos y equipamiento más eficiente y fácil de operar. En este sentido podemos describir las siguientes etapas para este proceso:

-**Secado** del cacahuete para expulsar gran parte de la humedad que contiene la semilla. Este proceso puede durar entre dos y cuatro semanas y generalmente se realiza en el propio campo, empleando como fuente de energía la solar.

-**Recepción y limpieza**.

Como el maní es un producto que es extraído de la tierra, viene acompañado de partículas de ésta, y otras impurezas vegetales, por lo que éstas deben ser eliminadas antes de la separación del grano de la cáscara, y por supuesto, antes de la entrada a la fábrica, lo que se realiza mediante corrientes de aire, en tolvas de almacenamiento, atendiendo a la diferencia de pesos específicos de estos materiales.

-Separación de la cáscara (Descortezado).

Se realiza en un aparato cilíndrico horizontal perforado, con un eje rotatorio central con aspas que por presión, comprime las vainas y éstas se rompen posibilitando la liberación de los granos.

La cáscara de maní separada puede ser empleada para la producción de energía térmica que mueva los equipos en el resto del proceso de obtención y/o refinación de aceite. Para esto, las cáscaras entran en combustión y calientan agua en una caldera destinada a producir vapor, que es empleado en la fábrica, en equipos de intercambio de calor, o para producir energía eléctrica.

Las cenizas resultantes son aprovechadas como fertilizantes naturales, mientras los gases residuales de la combustión son depurados y expulsados a través de chimeneas.

-Trituración.

Una vez separado el grano, éste que es de muy poca dureza, es fácilmente triturado para facilitar la posterior extracción de aceite en las prensas. En comparación con otros granos como la soja, el maíz, el girasol, etc. el maní es fácilmente triturable hasta con los dientes, como bien es conocido por los amantes del consumo de cacahuetes y de los famosos cucuruchos de maní tostado.

-Prensado.

Mediante prensas metálicas hidráulicas de funcionamiento continúo, se extrae el aceite de maní de los granos, aspecto que puede completarse con el empleo de disolventes orgánicos para aumentar el rendimiento.

En este proceso no se separa la cutícula que acompaña a la cáscara, lo que incorpora los polifenoles presentes en éstas al aceite crudo o virgen.

En la extracción mediante presión con prensas hidráulicas, al maní se le puede adicionar agua calentada sobre los 80C para facilitar y hacer más óptimo el proceso de extracción. También la extracción de aceite puede realizarse por prensas manuales y artesanales, en cuyo caso la fricción entre los granos es la que produce la elevación de temperatura y ésta puede llegar hasta los 80-90C. Claro está, el rendimiento por esta última vía es mucho menor, aunque la calidad del aceite rico en tocoferoles (vitamina E) lo hace más nutritivo.

Actualmente se emplean prensas expeler que incrementan notablemente el rendimiento durante el proceso de extracción. Algunas de éstas son tan grandes que pueden procesar más de 30 TM de aceite por día y se pueden montar más de una de ellas en cada fábrica, incrementándose notablemente la producción.

Con disolventes:

En el proceso de extracción de aceite de maní con disolventes, éste es previamente triturado o las tortas prensadas son sometidas a extracción con disolventes orgánicos como el **n-hexano**. Este disolvente es el más empleado y se usa de forma similar como en la manufactura de otros aceites vegetales comunes. Es de destacar, que otros disolventes orgánicos producen iguales o mejores rendimientos que el n-hexano, nos referimos al tricloroetileno, pero por razones obvias, incluyendo las económicas y de seguridad alimentaria se emplea el hexano.

También se ha ensayado la extracción de aceite de maní a escala de laboratorio con diferentes fracciones del éter del petróleo, obteniéndose buenos resultados, sobre todo con la fracción 50-60 C, con la que se obtienen buenos rendimientos.

Después de la extracción con disolventes, el aceite unido a éste es separado por destilación mientras se recupera el disolvente destilado para volverlo a emplear de nuevo.

Las variables que participan en la extracción de aceite de maní mediante disolventes son: el grado de división de la semilla, el volumen de disolvente, y por supuesto la masa de grano; si ésta es constante, se pueden variar los otros dos parámetros, pero hay un momento en que el ampliar el volumen de disolvente no influye decisivamente en el aumento de rendimiento. En algunos estudios realizados a escala de laboratorio, se concluyó que un volumen de 5 veces de disolvente por unidad de masa de maní es suficiente para semillas bien divididas, del orden de los 50 mesh.

A continuación se relacionan las principales propiedades fisicoquímicas del n-hexano.

Propiedades fisicoquímicas del n-hexano.

Hidrocarburo saturado.
Fórmula global: C_6H_{14}
M: 86,18 g/mol
T. fus.: -95 C
T. eb.: 69 C
T. inf.: -22 C
T. autoig.: 240 C
D_{20}: 0,659 g/cm^3
P. vap.: 16 kPa
Í. Ref.: 1,3750

Es de señalar, por último, que el aceite de maní crudo o virgen prácticamente no es el que más se comercializa, sino el refinado.

3.-Refinación del Aceite de Cacahuete.

El proceso de refinación del aceite de maní no difiere en nada, o muy poco que el que se lleva a cabo con otros aceites vegetales, por lo que nos detendremos someramente a mencionar las principales características en cada etapa del proceso.

El objetivo de la refinación es el de eliminar impurezas que afectan la calidad del producto como son su homogeneidad, impurezas, sustancias organolépticas, que afectan también el sabor y el olor del aceite, entre otras, por lo que en esencia, es un proceso destinado a mejorar la calidad del aceite y hacerlo más apto para el consumo. Esta demás decir que algunos materiales que acompañan al aceite virgen se pierden o se ven muy mermadas durante el proceso de refinado tales como los tocoferoles, vitaminas y otras sustancias. Posteriormente al culminar el proceso, se le añaden antioxidantes autorizados por los organismos internacionales competentes para garantizar la estabilidad del producto a la oxidación.

Los pasos básicos con el aceite de maní crudo son los siguientes:

-**Desgomado.** Proceso en el cual se eliminan las impurezas gomosas que podrían afectar las siguientes etapas del proceso. En esencia, estas sustancias son fosfátidos o como son más conocidos: fosfolípidos en que restos de ácido fosfórico se hallan unidos a la molécula de glicerina. Estos fosfolípidos pueden ser de diferentes tipos y su concentración en el aceite de maní crudo se encuentra en el orden del 0,3-0,7%.

El desgomado puede llevarse a cabo por vía acuosa empleando agua calentada sobre los 80-85 C por un período de tiempo superior a los 30 min. Posteriormente se separan las gomas precipitadas. Los fosfolípidos con respecto a la afinidad por el agua pueden mostrar características diferentes, el mayor porcentaje, alrededor del 90%, es hidratable y resulta fácilmente removible, pero los no hidratables son más difíciles de precipitar y pueden permanecer en fases posteriores del proceso mostrando cierta tonalidad marrón e interfiriendo de forma negativa en éste. Por esta circunstancia, en las siguientes etapas del proceso de refinación, deben realizarse determinaciones analíticas de éstos, y en el propio lavado éste debe repetirse si no han sido convenientemente removidos.

Existen otras formas de realizar el desgomado: mediante ácidos débiles en conjunción con el agua caliente, también enzimáticos, entre un variado espectro de métodos, pero que al final deben responder a los parámetros de calidad del producto y los recursos del fabricante.

El desgomado puede realizarse de dos maneras: por el método discontinuo, o de Bach en el que la separación de las gomas se realiza mediante una combinación de centrifugación y decantación, y el continuo, donde se realiza un precalentamiento inicial del aceite hasta temperaturas próximas a los 80 C, con menos tiempo de lavado, y después se centrífuga la mezcla para separar las gomas.

El aceite una vez desgomado debe bajársele la temperatura hasta unos 40C, o un poco más, pero sin llegar a los 50C.

-Neutralización o Desacidificación: En esta etapa se eliminan los ácidos grasos libres no enlazados a la glicerina mediante disolución alcalina, generalmente empleando disoluciones de NaOH (método químico), aunque también pueden emplearse métodos físicos que incluyen la elevación de temperatura para realizar una destilación de estas sustancias.

La neutralización con NaOH en esta etapa del proceso, típicamente es una reacción ácido-base o de saponificación, y las sales de los ácidos grasos libres son precipitadas en forma de jabón, por lo que hay que realizar un lavado posterior del aceite, así como someterlo también a secado. Es de señalar que en esta etapa ocurren pérdidas por saponificación también de los glicéridos que componen el aceite, por lo que debe controlarse bien su ejecución. También el carácter tensioactivo de los jabones formados facilita la emulsificación del aceite en el agua.

La concentración de NaOH empleada es del orden del

10% y el proceso se realiza a una temperatura de 80C en un tiempo de unos 10-15 minutos. Este proceso puede realizarse de forma más drástica empleando mayores concentraciones de sosa cáustica, pero la concentración de jabón remanente es mucho mayor. De todas formas, las diferencias entre ambos métodos no son trascendentales por lo que la elección responderá a criterios de los fabricantes, así como de la calidad y naturaleza del aceite a procesar. Los jabones en su precipitación y separación arrastran restos de fosfolípidos remanentes y pigmentos.

Posteriormente se realiza un secado intenso del aceite y éste a continuación se enfría hasta los 60C. No debe quedar restos de humedad porque de lo contrario, el proceso subsiguiente de blanqueo, puede verse afectado al ser adsorbidas las moléculas de agua por la superficie del adsorbente bloqueando la entrada de los poros e imposibilitando, o afectando la adsorción de las sustancias a remover.

Con respecto a la neutralización, muchos consideran que esta etapa es decisiva en la refinación y que bien llevada redundará en el éxito del proceso.

-Decoloración o blanqueo: Se realiza empleando arcillas activas que mediante adsorción sobre su superficie, eliminan pigmentos y diferentes materiales colorantes que afectarían la homogeneidad y carácter translucido que requiere un aceite refinado. Las materias que van a ser removidas son: carotenoides, restos de fosfátidos, jabones, minerales y otros compuestos no deseables, como las clorofilas. Por efectos mecánicos durante el proceso también pueden eliminarse aflatoxinas presentes en el aceite.

La cantidad de arcilla empleada durante el blanqueo es

del orden del 0,4-0,8%. Esta proporción varía de acuerdo con el tipo de aceite vegetal, así por ejemplo, la soja y el girasol, requieren menos cantidades: del orden del 0,-0,4% mientras los aceites crudos de oliva y coco pueden requerir cantidades por encima del 1,5%. Aunque también hay que tener en cuenta otros factores, como son la calidad del aceite crudo derivado de las condiciones de cosecha, variedad de grano y condiciones de operación durante la obtención del crudo.

Las arcillas una vez usadas deben tratarse con disolución de H_2SO_4 (ácido sulfúrico) para vaciar los finos poros que poseen de las sustancias extrañas absorbidas, lo que se complementa con secado y posterior molienda. Esto permite su uso repetidas veces, abaratando los costes de producción.

El proceso de blanqueo requiere calor, por lo que la temperatura del aceite se eleva en torno a los 90 C acompañada de agitación. Posteriormente se realiza el filtrado para separar las arcillas o el material empleado como adsorbente.

-**Desodorización**: mediante este proceso que requiere elevación de temperatura se eliminan sustancias orgánicas de baja masa molecular y alta polaridad, como, peróxidos e hidroperóxidos, aldehídos, cetonas y ésteres, entre otros, que dan un olor no deseado al aceite, según el gusto de la generalidad de los consumidores, también se mejora el sabor, la estabilidad, el color y en resumen, la calidad del aceite.

El aceite antes de entrar en el proceso debe desairarse por completo para evitar reacciones de oxidación por las relativamente altas temperaturas a que éste se verá sometido. Esto se logra mediante vacío.

En esencia, una vez evacuado el aire mediante vacío, el aceite se calienta hasta alcanzar una temperatura media de unos 250C y comienza a burbujeársele vapor, que a la vez realiza la agitación de la masa en el reactor, en un proceso que transcurre al vacío por un tiempo de cerca de una hora.

Como aspecto indeseable de esta etapa, resulta que con motivo de la elevación de la temperatura y el tiempo de calentamiento, pueden aparecer ácidos grasos *trans* por isomerización de ácidos grasos insaturados, polímeros, y otros productos indeseables, también las vitaminas, los antioxidantes como los tocoferoles y otros esteroles y polifenoles se pierden, o merman notablemente su cantidad en esta etapa del proceso, a lo que se suma la perdida de la glicerina remanente y otros mono y diacilglicéridos de menor masa molecular. Como decíamos, el proceso se realiza a vacío y mientras mayor es éste, menor será la temperatura a emplear. Durante el mismo se inyecta vapor de agua para arrastrar las impurezas de baja masa molecular.

En relación con esta etapa del proceso de refinación es necesario recalcar algunas reglas empíricas como las siguientes:

-Cada aceite posee condiciones propias de operación que no deben variarse, pues pueden ocasionar problemas en cuanto al control de la operación y la calidad de los productos.

-Es importante controlar el grado de vacío que determina la posible eliminación o no, de materiales indeseables, dado que determina el área de contacto con las burbujas.

-Es necesario tener en cuenta la cantidad o volumen de

vapor inyectado, a mayor cantidad, mayor es la evacuación de sustancias de baja masa molecular.

-El tiempo del proceso dependerá del vacío y la temperatura a la que se lleve a cabo el proceso.

También será necesario tener en cuenta otros parámetros como: la naturaleza de los materiales del reactor (preferiblemente acero inoxidable), así como el enfriamiento al finalizar el proceso que requiere tiempo, y una temperatura de operación generalmente entre 150-200 C.

Nos hemos referido a un proceso llevado a cabo en condiciones óptimas, pero cuando éstas no son observadas con rigurosidad, pueden presentarse una serie de anomalías en el producto terminado, como las siguientes:

-Elevada acidez, motivada por errores de manipulación en la inyección del vapor, el vacío, o añadir exceso de ácido en el desgomado, si éste se llevó a cabo por vía ácida, entre otros factores.

-Índice alto de color motivado por errores en la etapa de blanqueo, exceso de clorofila inicial no removida, presencia de minerales, entre otras.

-Rancidez del aceite, motivado principalmente por entrada de aire durante el proceso que facilitó la oxidación en las condiciones de temperatura que se llevan a cabo las distintas etapas de refinación. También puede ocurrir que el cacahuete llevara mucho tiempo almacenado en condiciones no adecuadas, y que esto no se tuviera en cuenta en los controles durante la refinación.

-Picor o acidez en el sabor del aceite motivado seguramente, por la no eliminación correcta de los ácidos de cadena corta.

-Estructura gelatinosa del aceite, ocasionada por la presencia de fosfolípidos no eliminados durante el desgomado.

-Falta de brillo ocasionada por problemas en la filtración, humedad, e isomerización entre otras.

-Winterización. Algunos aceites, dependiendo de su naturaleza y composición, requieren una etapa final de winterización para separar materias extrañas aún presentes, mediante la disminución de temperatura. Estas sustancias generalmente son triacilglicéridos, alcoholes e hidrocarburos de elevada masa molecular, que pueden favorecer el aumento de viscosidad y la enturbiación del aceite; y como se puede apreciar, la mayoría de los aceites adecuadamente refinados tienden a no enturbiarse con facilidad.

Una vez terminado el proceso de refinación, y superadas deficiencias como las señaladas anteriormente, el aceite está listo para envasar, aunque generalmente se le añade determinada cantidad de antioxidantes en correspondencia con los perdidos en el proceso, lo que le confiere estabilidad y durabilidad al producto.

Hay normas que rigen los aditivos alimentarios en los aceites, entre ellas las de la Unión Europea, que son explícitas y están bien detalladas.

4,-Hidrogenación del Aceite de Maní.

Consiste en una reacción de adición de hidrógeno para saturar los dobles enlaces de los ácidos grasos que forman parte de los triacilglicéridods en los aceites vegetales. El proceso se lleva a cabo por vía catalítica en reactores diseñados al efecto.

Este proceso tiene como fin obtener productos más estables y de mayor empleo, sobre todo en la industria alimentaria. Con ello se ralentiza la oxidación y se obtienen grasas sólidas, o semisólidas, menos propensas a sufrir deterioro por rancidez, bien sea hidrolítica u oxidativa.

El tipo de aceite empleado determina las condiciones en que se lleve a cabo el proceso de hidrogenación, a cabo y las características del producto obtenido. Como condiciones o parámetros del proceso están la temperatura, la presión, el tipo de catalizador, entre otras. Al trabajar con hidrógeno y dada la labilidad de éste por oxígeno, y la violencia explosiva de este tipo de reacciones, cuando no están bajo control, han de tomarse medidas y precauciones especiales para evitar cualquier tipo de suceso. En este sentido, en el trabajo con el hidrógeno no hay cabida para errores ni negligencias.

En el aceite de maní los ácidos grasos que intervienen en el proceso de hidrogenación son el oleico (**C18:1**) y el linoleico (**C18:2**) y el proceso se puede llevar a cabo de forma continua o preferiblemente discontinua, dado que en este aceite como en todos los demás, por su compleja composición se pueden obtener diferentes productos.

Los tipos de reactores son de suspensión para el trabajo con tres fases: gaseosa (hidrógeno), líquida (aceite) y sólida (catalizador), en cuya superficie debe producirse la reacción de adición. Sin embargo, en la fase líquida se pueden realizar reacciones de otro tipo: interestrificación y de isomerización, produciéndose isómeros *trans*. Como la concentración de ácidos grasos es mayoritaria, esta variable será la que definirá la cinética del proceso.

Por la diversidad de componentes presentes en la reacción de hidrogenación catalítica, se hace muy difícil encausar el proceso para la obtención de un producto único determinado, por lo que es común la interrupción del mismo para controlar en que sentido ésta se realiza, y después continuar el proceso variando los parámetros que puedan causar desviaciones en el sentido de la obtención de productos no deseados.

Lo que se busca con la reacción de hidrogenación es la conversión de los ácidos linoleico y oleico en ácido esteárico, aunque como decíamos, se forma también determinada cantidad de ácido oleico *trans*. Esto se realiza mediante un mecanismo complejo en que pueden producirse sustancias intermedias de diferente naturaleza.

La reacción entre el aceite y el hidrógeno se realiza sobre la superficie del catalizador, por lo que éste debe estar finamente dividido y exento de líquidos y gases sobre su superficie, como agua y su vapor. Los catalizadores empleados son a base de níquel que es el metal que mejor acelera la reacción. La concentración del catalizador es muy pequeña, del orden del 0,1%.

Como termodinámicamente es un proceso con poca evolución de calor la temperatura de trabajo no supera los 200 C (preferentemente en el intervalo150-170 C) y la mezcla se mantiene con alta agitación, y a presión atmosférica.

Como primer paso, se añade el aceite, luego se extrae todo el aire para evitar reacciones del oxígeno con el hidrógeno. Posteriormente se calienta hasta la temperatura indicada, y a continuación se añade el hidrógeno y se somete la mezcla a agitación durante un tiempo predeterminado. Aunque el proceso parece sencillo, no es recomendable que se lleve a cabo por personas inexpertas, sino más bien por profesionales experimentados, atendiendo a la peligrosidad del hidrógeno, las dificultades de su manipulación y que el proceso, pese a que no se realiza a una temperatura elevada, si es mediante calentamiento.

Las grasas hidrogenadas del maní presentan una consistencia adecuada y son aptas para su uso en diferentes esferas de la industria alimentaria y para el consumo humano, comercial y doméstico.

V. USOS Y APLICACIONES DEL MANÍ Y DE SU ACEITE

El maní por si solo se puede ingerir de forma directa y es un alimento muy nutritivo que contiene altas concentraciones de lípidos, proteínas y carbohidratos, también: vitaminas y minerales. De esta forma se consume el famoso maní tostado, que se expende de diferentes formas: sin cubierta y con cubierta, aunque de ser posible es conveniente eliminar ésta porque produce cierto amargor en la boca derivado de los compuestos fenólicos que contiene.

El maní tostado se obtiene artesanalmente por calentamiento del grano en recipientes metálicos de cocina, siempre y cuando éste se remueva con frecuencia para evitar que se quemen o carbonicen los gramos. De manera industrial se puede obtener en hornos rotatorios bajo calentamiento a temperaturas próximas a los 150 C durante un tiempo cercano a una hora. En el consumo directo se le añade sal. Es considerado un alimento que no incrementa el peso corporal dado su perfil lipídico alto en grasas insaturadas y sus significativas cantidades de proteínas.

Mantequilla de Cacahuete.

La mantequilla de maní se obtiene por trituración fina de sus granos sin cubierta, a los que se le puede añadir, grasas hidrogenadas de aceites vegetales, preferiblemente del propio maní, harina de soja, agentes saborizantes, etc. Es un sustituto perfecto para la mantequilla tradicional y se puede untar a panes, galletas y en sándwich o bocadillos. Ésta tiene forma de pasta y puede formar parte de galletas y confituras.

La mantequilla de maní puede variar su sabor por adición de chocolate, avena, queso, etc.

La obtención de la mantequilla de cacahuete es un proceso muy sencillo y se lleva a cabo a través de los siguientes pasos:

-**Tostación** de la semilla a temperaturas entre 140-150 C en hornos, o recipientes rotatorios, durante un tiempo que puede oscilar entre 50-60 min.

-**Enfriar** hasta alcanzar la temperatura ambiente y eliminar la cubierta fina.

-**Sumergir** los granos en agua hirviendo durante varios minutos y escurrir.

-**Añadir** azúcar, grasa hidrogenada y sal. Más del 80% de la mezcla debe ser maní, azúcar poco más del 10% y la grasa sobre el 2% o un poco más, pero menos de 3%.

-**Moler** la mezcla hasta obtener una pasta homogénea

-**Envasar y pasteurizar** a 95 C por unos 10 min.

-**Almacenar** a temperatura ambiente o en frío.

En esencia, al igual que la mantequilla obtenida de la leche de vaca, ésta es una emulsión de agua en aceite, con la variante que contiene sólidos finamente divididos. Es un producto altamente consumido en muchos países desarrollados y preferentemente en Estados Unidos, en el que solo una pequeña parte del maní producido se consume natural y la casi totalidad como producto agregado.

Margarina de maní estabilizada con lecitina de soja:

Componentes:

Aceite de maní refinado (70-80%)
Lecitina de soja (5-10%)
Agua (10-15%)
Sal (1% o menos)
Azúcar (2%)

La mezcla se homogeniza en un equipo tipo batidora por un tiempo de 10 min. Posteriormente se envasa y se almacena a temperaturas próximas a los 10 C.

La lecitina de soja actúa como estabilizador y algunas propiedades fisicoquímicas de la misma son:

Índice de yodo: 105-107 cg/g
Índice de saponificación: 190 mgKOH/g
Ind. De Ref. (40C): 1,4688
Humedad: 1,56%

Otros productos manufacturados a partir del maní son: leche y horchata, así como variados tipos de dulces y helados.

Es muy común también el consumo de turrón de maní, que se obtiene al moler finamente la misma cantidad de maní que de azúcar refino, posteriormente se moldea y se prensa durante unas pocas horas hasta que alcance forma y consistencia. Este producto compite perfectamente con los turrones de almendra y algunos gustos lo prefieren más.

Harina de cacahuete. Es un interesante producto que se está haciendo un lugar en el mercado del maní por sus interesantes propiedades y ser una fuente muy rica en proteínas. Se obtiene al moler finamente los granos de maní, y con esta harina se pueden preparar galletas y dulces semejantes a los de harina de trigo y libres de gluten.

Industrialmente la harina de maní se puede obtener como un subproducto de la producción del aceite de este grano. Constituye una excelente fuente de proteínas, aunque es deficiente de algunos aminoácidos como la metionina, la lisina y eltriptofano. La harina debe estar libre de aflatoxinas, por lo que los controles deben ser exhaustivos y rigurosos antes de su comercialización.

La Composición media de la harina de cacahuetes es la siguiente:

Proteínas: 50%
Carbohidratos: 20%
Grasas: 12%
Fibra: 11%
Humedad y otros componentes: 7%

La harina de cacahuete tiene aplicación en panadería, repostería, preparados de cereales, barritas energéticas, concentrado de proteínas, salsas, cremas, sopas, etc. Posee menor contenido de grasa y más de proteínas que las presentes en el grano crudo. En la harina de cacahuete desgrasada, como hemos visto, el contenido de proteínas puede alcanzar valores tan altos como hasta un 50%, lo que la hace apta para dietas superproteícas y de deportistas.

Aceite de Maní.

En la alimentación, el aceite de maíz se comporta más estable que los aceites de maíz, soja y girasol al contener en su composición menor proporción de ácidos grasos poliinsaturados, a los supera sobre todo en el contenido de ácido oleico, lo que lo hace más recomendable para freír.

Además de su empleo para cocinar, dado su ligero aroma propio puede emplearse en ensaladas y aliños. Su grasa hidrogenada se emplea ampliamente en confitería y en la preparación de dulces y confituras.

Además de su empleo en la alimentación, y atendiendo a su alto contenido de vitamina E puede utilizarse en cosmética para masajes, como hidratante y suavizante para la piel, y algunos consideran que es adecuado para tratar el acné, así como resulta un buen protector labial.

En cuanto al tratamiento del cabello, se considera que lo nutre y fortifica, así como hidrata el cuero cabelludo. También combate el daño celular causado por los radicales libres dado su carácter antioxidante.

Del aceite de maní se pueden obtener jabones blandos y espumosos.

Por último, recordar que el maní y en mucha menor

medida su aceite, pueden contener alérgenos, con incidencias que pueden ser muy graves para los que muestran alergia a los mismos, por lo que se debe ser cuidadoso en su empleo y proliferación.

VI.- PRODUCCIÓN MUNDIAL DE MANÍ/CACAHUETE.

Como hemos expuesto a lo largo del libro, el cacahuete es un producto que por si solo presenta un amplio y variado espectro de consumo, a diferencia de otros granos o frutos de las plantas oleaginosas, como la colza, o la palma africana. De hecho contamos con poca información sobre el consumo directo por el hombre del fruto de esta palmera, o de las semillas de colza, por lo que el aceite viene a representar en ellas el principal producto agregado, y al valorar la evolución de su comercio y producción mundial sea necesario acudir a éste como elemento valorativo.

El maní se puede consumir de forma directa o en productos con muy poco valor agregado, lo que no ocasiona con esto que no se consuma su aceite, que lo acompaña en todos ellos y que es responsable de las principales propiedades de muchos de éstos productos, tales como la mantequilla, la margarina, etc., por lo que es recomendable en este estudio ubicarnos básicamente en el grano más que en todo lo demás, con lo cual, de forma indirecta estamos valorando su aceite que de hecho se encuentra entre los diez aceites más importantes por volumen de producción y consumo.

La producción mundial de maní se ha mantenido relativamente estable en los últimos cinco años, y si en la campaña 2013-2014 la producción fue de 41,870 MTM, ésta ascendió solamente hasta 43,200 MTM en la de 2017/18, lo que representa un incremento de 3,17 %, en el quinquenio, mientras que hubo años en que bajó, como en 2012/13, en que alcanzó una cifra de 40,460 MTM, esto es: 1,410 MTM menos. Estos datos son recogidos en la tabla 1.

Tabla 1.

Producción Mundial de Cacahuete 2013-2018 (MTM)

2013/14: 41,870
2014/15: 40,460
2015/16: 40,560
2016/17: 42,340
2017/18: 43,200

Hay un grupo de grandes países que son los principales productores de cacahuete en el mundo, según se puede observar en la siguiente tabla:

Tabla 2.

Principales Países Productores de Cacahuete 2013-2018 (MTM)

Países	Campañas				
	2013/14	2014/15	2015/16	2016/17	2017/18
China:	16,972	16,482	16,440	17,000	17,400
India:	6,482	4,855	4,470	6,300	6,600
Nigeria:	2,475	3,413	3,000	3,000	3,000
Argentina:	0,997	1,188	0,930	1,200	1,160
EEUU:	1,893	2,354	2,722	2,579	2,774
Otros:	13,051	12,168	12,998	12,261	12,266
Total:	**41,870**	**40,460**	**40,560**	**42,340**	**43,200**

De estos datos se puede inferir que existe una diferencia notable entre el principal productor de este grano: China y los siguientes países, incluyendo algunos con grandes extensiones territoriales como Estados Unidos, India y Argentina; y es que el maní forma parte de muchos platos de la cocina del gigante asiático y es ampliamente consumido por su población, lo que se demuestra también en los datos de comercialización donde China ocupa un modesto 4to. puesto entre los países exportadores, a pesar de ser el principal productor de maní del mundo.

Es interesante destacar de esta tabla como aspecto positivo, que Nigeria, un país africano se encuentra en esta lista, lo que es muy buena noticia para la FAO y otras organizaciones encargadas de los problemas alimentarios del planeta, y especialmente de las zonas más empobrecidas, por otra parte, este es un país que presenta también una extensión territorial relativamente considerable, de 923 778 km², que si no es de las mayores, si le otorga el 35 puesto en el mundo.

Resulta también una buena noticia el que países con una gran población sean también los principales productores, donde se incluye India, uno de los países más poblado del mundo con 1 324 000 000 habitantes, sin mencionar obviamente a China. Dadas las altas propiedades nutritivas del cacahuete, con sus elevadas proporciones de lípidos y proteínas, estos datos son positivos en el sentido de responder a la alta demanda alimentaría de los mismos.

Argentina se viene comportando con el cacahuete como con otros renglones relacionados con las plantas oleaginosas tal como la soja y el girasol; y paso a paso va subiendo escalones entre los principales países productores de aceites de plantas oleaginosas. Más de la mitad de la producción de maní de este país es exportada, como se verá más adelante.

La Unión Europea y Rusia no ocupan puesto alguno en esta lista, pues sus climas son menos favorables a la siembra y cosecha de cacahuete, dado el alto poder fotosintético de esta planta, necesitada de muchas horas de exposición a la radiación solar durante el día, y las temperaturas relativamente altas necesarias para su cultivo, entre otros factores.

Tabla 3.

**Principales Países Exportadores de Cacahuete
2013-2018 (MTM)**

Campañas

Países	2013/14	2014/15	2015/16	2016/17	2017/18
India:	0,786	0,873	0,771	1,050	1,150
Argentina:	0,578	0,848	0,876	0,900	0,880
EEUU:	0,497	0,490	0,701	0,635	0,635
China:	0,565	0,502	0,484	0,550	0,580
Senegal:	0,001	0,086	0,192	0,250	0,250
Otros:	0,473	0,501	0,496	0,545	0,555
Total:	**2,900**	**3,300**	**3,520**	**3,930**	**4,050**

Mientras que China es el principal país productor de maní del mundo, no ocupa un puesto igual en las exportaciones (4to. Puesto), pues exporta poco más del 3% de lo que produce, lo que es indicativo que la casi totalidad de su producción es consumido por la población del país, a lo que se suma que también se encuentra en la lista de los principales importadores. India, por su parte, exporta alrededor de la sexta parte de su producción, por lo que también se consume en este país la mayor parte del maní cosechado, aunque es de notar que sus exportaciones fueron aumentando ligeramente de año en año, durante el quinquenio.

Argentina, que ocupa un cuarto lugar entre los principales países productores, es el segundo exportador mundial, lo que coincide con la tendencia analizada y la política del país en situarse en uno de los primeros puestos en la producción mundial de aceites y cultivo de granos oleaginosos, lo que es factible en virtud de su gran superficie territorial: 2,780 400 km², puesto 8vo. en el mundo, su variedad climática y terrenos benignos para la producción de muchas de las principales plantas oleaginosas. En comparación con su volumen de producción, Argentina comercializa maní en grano y productos agregados en cerca de la mitad de su producción, lo que es buena noticia en relación con las crisis económicas sufridas por el país en las dos últimas décadas, y que éste y otros renglones se pueden convertir en fuentes de divisas para la nación.

Estados Unidos, aunque es el tercer exportador mundial, solo emplea para la misma alrededor del 20% de su producción, pues la población de este país es muy aficionada al maní y sus productos derivados como las cremas y las confituras derivadas.

Es interesante señalar que Senegal, un país relativamente pequeño del continente africano (superficie: 196 722 km², puesto 88) ocupa un lugar destacado en esta lista de grandes exportadores, dadas las acuciantes necesidades de los países africanos de ocupar un lugar relevante en la producción de alimentos, para suplir las necesidades de éstos por una población con un alto crecimiento demográfico.

Los principales países importadores de cacahuete aparecen reflejados en la tabla 4, en donde como era de esperar, la Unión Europea (**UE**) ocupa más que un lugar destacado, el primero de ellos, dadas las crecientes necesidades de este grano de los países del viejo continente y las dificultades para producirlo, salvo en algunos países meridionales del sur como España. Sin embargo, dada la cultura comercial europea, esto no es óbice para que este producto fluya libremente en toda la unión, y los precios, incluso en los mercados minoristas sean asequibles a la población, y generalmente menor que otras semillas empleadas como snacks tales como anacardos y almendras, dadas las bondades culturales de este grano.

Tabla 4.

Principales Países Importadores de Cacahuete 2013-2018 (MTM)

Países	Campañas				
	2013/14	2014/15	2015/16	2016/17	2017/18
UE:	0,797	0,814	0,861	0,865	0,875
China:	0,027	0,161	0,541	0,570	0,580
Vietnam:	0,218	0,180	0,369	0,370	0,380
Indonesia:	0,308	0,142	0,242	0,300	0,350
México:	0,171	0,142	0,191	0,200	0,210
Otros:	0,839	1,081	1,066	1,045	1,055
Total	**2,360**	**2,520**	**3,270**	**3,350**	**3,450**

La diferencia entre los niveles de importación de la UE en relación con los demás países que le siguen en la lista es muy significativa, y se acerca al 50%, lo que es altamente indicativo de la importancia del cacahuete en Europa.

El consumo de cacahuetes en la UE está muy relacionado a su industria alimentaria de punta en el mundo, donde el maní y sus agregados forman parte de numerosos productos, entre ellos cremas, dulces y confituras, helados, entre otros. El aceite de maní con fines alimentarios no es muy común en el comercio minorista europeo, dado el monopolio del continente sobre el aceite de oliva y el incremento reciente de las producciones de aceite de colza, girasol, soja, entre otros. Las industrias alimentarias y de confituras de la Unión Europea se encuentran entre las mayores y más importantes del mundo, y en ellas no se puede prescindir del maní.

Es interesante notar que China no es ajeno a este efecto importador, y aunque es el principal productor, y el cuarto exportador, se constituye en el segundo en la lista de los principales importadores de maní, detrás de la UE.

Destacan en esta lista países asiáticos como Vietnam e Indonesia, y es importante hacer notar la presencia de México, cuya agroindustria en el sector oleaginoso es importante y donde se vienen realizando ingentes esfuerzos por elevar la producción de cacahuetes y sus productos agregados, pero al parecer su producción aún no alcanza la alta demanda interna.

Un aspecto interesante del cacahuete es que su producción no se encuentra tan centralizada como el de otras plantas oleaginosas tales como la palma africana en Indonesia y Malasia, sino que existe una gran dispersión, lo que repercute que en países que no formen parte de los grandes productores, éste se cultive y consuma, dados los versátiles empleos del grano, su resistencia al deterioro una vez almacenado, y sobre todo, su alto nivel nutritivo. También en lo referente a la versatilidad de la planta, sus bondades de cultivo, y su facilidad para formar parte de la alimentación, donde incluso se puede consumir el grano crudo.

Tal vez sea el mejor indicador de la importancia del maní o cacahuete para el consumo de la población, el famoso pregón del compositor Moisés Simons (1927), con que la vedette cubana Rita Montaner ponía de pie los escenarios de los teatros de medio mundo en la primera mitad del siglo XX, y algunas de cuyas estrofas aún pueden oírse tararear en las regiones más tradicionales de América.

...Maní, maní....
Llegó el rico maní
...Manisero llego
Caserita no te acuestes a dormir
Sin comerte un cucurucho de mani ...

VII.- ACCIÓN BIOLÓGICA Y FARMACOLÓGICA DEL MANÍ Y SU ACEITE

Como hemos expresado a lo largo del libro, el cacahuete y su aceite constituyen un importante complemento y suplemento dietético y nutritivo, que a su vez puede ayudar al organismo a contrarrestar diversas afecciones entre las que se encuentran las enfermedades cardiovasculares y la obesidad, entre otras, también en lo adverso, muestra acción biológica negativa en lo referente a la alergia en algunas personas. A continuación ampliaremos este estudio y expondremos algunos resúmenes de artículos sobre investigaciones científicas llevadas a cabo por destacados investigadores, en que se comprueban éstos y otros efectos.

Comenzaremos, sin embargo, por un problema que

puede resultar preocupante: la alergia, para después valorar la acción farmacológica del cacahuete sobre diversas afecciones del organismo humano, atendiendo a sus componentes bioactivos.

1.-ALERGIA

En relación con los alérgenos al maní, en 1981 M. I. Sachs, R.T. Jones y J.W. Yunginger: publicaron un artículo titulado: *Isolation and partial characterization of a major peanut allergen* (Aislamiento y caracterización parcial de un importante alérgeno de maní) en el que informaron sobre el aislamiento y caracterización parcial de uno de los alérgenos principales del cacahuete: (*Peanut-I*), extraído de polvo de maní crudo desengrasado, utilizando la prueba de radioalergoadsorbente (RAST) para controlar la alergenicidad de varias fracciones. La actividad biológica de *Peanut-I* se demostró mediante pruebas cutáneas positivas y análisis de liberación de histamina en pacientes con alergia a los cacahuetes.

En 1983 en un artículo publicado en J Allergy Clin Immunol: *Multiplicity of allergens in peanuts* (Multiplicidad de alérgenos en los cacahuetes), un equipo de científicos australianos integrado por Donald Barnett, Brian Baldo y Merlin Howden reportaron los resultados de un estudio de fracciones de proteína de cacahuetes crudos y tostados sobre 10 sueros de pacientes sensibles a este grano. Los resultados mostraron que dos proteínas de cacahuete comercialmente disponibles: lectina de maní y fosfolipasa D, dieron respuestas de RAST pobres, mientras que tres proteínas purificadas: α-arachina, conaraquina I, y glucoproteína con reactividad a concanavalina A, dieron resultados de RAST significativos, aunque generalmente inferiores a los obtenidos con los extractos brutos.

En este experimento también se comprobó que el grado de inhibición de RAST obtenido con estos materiales se relacionaba en proporción inversa con su contenido en la proteína de maní total. Detectaron los autores por inmunoelectroforesis cruzada la presencia de 22 y 10 antígenos migratorios, respectivamente. De ellos 16 antígenos de unión IgE se revelaron para el maní crudo y 7 para el tostado. La α-araquina, principal proteína de almacenamiento del maní, particularmente resistente al calor, consideraron que podía tener una mayor importancia clínica en este sentido.

S. A. Bock y F.M. Atkins publicaron en 1989 en la revista J Allergy Clin Immunol un artículo titulado: *The natural history of peanut allergy* (La historia natural de la alergia al maní) en el que describen un estudio llevado a cabo entre 1973 y 1985 en que pacientes con antecedentes de alergia al cacahuete fueron evaluados para observar su evolución a ésta con el paso del tiempo. En el ensayo se estableció contacto con 32 niños entre 2 y 14 años que habían dado positivo con una prueba de punción de extracto de maní en la piel en el momento de comenzar el estudio. 16 de ellos habían experimentado síntomas causados por la ingestión accidental de maní en el año previo al contacto; 8 de ellos habían reaccionado a la ingestión accidental en más de 1 año, pero menos de 5 años antes del contacto y 8 evitaron la ingestión del maní desde la evaluación original. Al final no se pudo demostrar que ninguno hubiese superado su reactividad al maní. Por lo que todos ellos continuaron mostrando reactividad cutánea a la prueba con extracto de maní, lo que indica que parece poco probable que los pacientes sensibles pierdan su reactividad clínica, incluso después de que hayan transcurrido muchos años. Para completar el estudio, ensayaron la posibilidad de alergia a otras leguminosas, pero solo dos de ellos dieron positivo, indistintamente, con la soya y el guisante, tampoco a nueces sin grasa.

Comparando la acción alérgica del maní con otras nueces como: la nuez de Brasil, la almendra y la avellana P. W. Ewan (*Clinical study of peanut and nut allergy in 62 consecutive patients: new features and associations*) reportó en 1996 los resultados de sus observaciones en una clínica de alergias donde fueron tratados 62 pacientes con edades comprendidas entre 11 meses y 53 años. En este estudio los cacahuetes fueron la causa más común de alergia (76%) seguidos por la nuez de Brasil, la almendra y la avellana, respectivamente. De forma más detallada, los cacahuetes mostraron todas las alergias en los niños sensibilizados en el primer año de vida y en el 82% de las alergias en los niños sensibilizados al tercer año de vida. Múltiples alergias aparecieron progresivamente con la edad. El síntoma más común fue el angioedema facial.

Describe el autor que la hipotensión fue poco común y que la casi totalidad de los paciente (96%) mostraron resultados positivos en la piel en las pruebas de alérgenos comunes inhalados, así como otros trastornos alérgicos (asma, rinitis, eccema) debido a varios alergenos inhalados, y otros alimentos.

De este interesante estudio concluye el autor: *La sensibilización, principalmente a los cacahuetes, se produce en los niños muy pequeños, y las alergias múltiples de maní/nuez aparecen progresivamente... El principal peligro es el edema laríngeo. Los niños atópicos jóvenes deben evitar los cacahuetes y las nueces para prevenir el desarrollo de esta alergia".*

Por último, con respecto a la posible alergia por el aceite de maní, en 1981 un equipo dirigido por Steve L. Taylor, e integrado por William W. Busse, Martin I. Sachs, J.L. Parker y John W. Yunginger publicaron un artículo titulado *Peanut oil is not allergenic to peanut-sensitive individuals* (El aceite de maní no es alergénico para las personas sensibles al maní) publicado en Journal of Allergy and Clinical Immunology en el que reportaron las conclusiones a que arribaron en un ensayo cruzado a doble ciego con diez pacientes, para determinar si la ingestión de aceite de cacahuete les inducía reacciones adversas. Todos los pacientes habían experimentado con anterioridad reacciones alérgicas al maní tales como: urticaria generalizada, angioedema, calambres abdominales, vómitos, diarrea, broncoespasmo o shock. El estudio se realizó con porciones de 1, 2 y 5 ml de aceite de maní en intervalos de 30 minutos, bajo constante observación. No observaron reacciones adversas con el aceite de cacahuete, por lo que concluyeron que la ingestión de este aceite no representa un riesgo para las personas sensibles al maní.

Pese a este estudio, es necesario señalar que en investigaciones realizadas por otros especialistas, éstos reportan que si se observaron síntomas de alergia en personas que habían mostrado alergia al maní, cuando ingerían aceite. Tal es el caso que relató en un review C. Loza Cortina (BOL PEDIATR 1997; 37: 9-18). Según él: *Moneret-Vautrin describió dos casos de lactantes alérgicos a fórmulas adaptadas que contenían aceite de cacahuete y relacionó la alergia directamente con ese ingrediente). Las pruebas de provocación labial y oral con aceite de cacahuete fueron positivas en los dos niños. La retirada y la reintroducción de las fórmulas adaptadas, confirmó su relación con los síntomas. Por tanto, incluso la pequeña cantidad de aceite de cacahuete que había en la fórmula adaptada contenía la suficiente cantidad de alérgeno para producir síntomas. Otros cuatro casos similares han sido descritos por el mismo autor en una publicación posterior. Estos hechos adquieren relevancia si se considera que en un estudio de 45 fórmulas infantiles, 11 contenían aceite de cacahuete.*

Esta amplia revisión de Loza Cortina la recomendamos como referencia para los interesados en este interesante e importante tema.

Concluimos que por esta y otras razones es conveniente, mientras no se amplíen las investigaciones al respecto, que las personas que han mostrado alergia al cacahuete sean muy cuidadosos con respecto al aceite del mismo y los preparados que se realizan con éste, y por supuesto, lo más aconsejable es que en caso de duda consuman otros aceites, sin que con esto se cuestione la investigación que acabamos de comentar.

2.-ACCIÓN ANTIOXIDANTE.

La presencia de cantidades significativas de tocoferoles en el maní hace suponer que éste muestre propiedades antioxidantes, como lo demostraron G. Chen, Lin Zhao, et al (*In vitro study on antioxidant activities of peanut protein hydrolysate*) quienes reportaron en 2007 un estudio *In vitro* con un hidrolizado de proteína de maní con una proteasa comercial, en que el hidrolizado de este grano mostró una intensa inhibición de la autooxidación del ácido linoleico, así como un fuerte poder reductor para eliminar los radicales libres presentes. Además, el hidrolizado de proteína de maní también mostró una notable inhibición de la autooxidación de lípidos en el hígado, y la oxidación de lípidos inducida por H_2O_2 o Fe^{2+} *in vitro*. Todos estos efectos fueron dependientes de la concentración. Estos resultados sugieren que el hidrolizado de proteína de maní podría ser un antioxidante natural adecuado y un alimento saludable para los humanos.

En un artículo publicado en 2006 en J. Food Sci: *Natural Antioxidant Effect from Peanut Skins in Honey roasted Peanuts* (Efecto antioxidante natural de las pieles de maní en cacahuetes tostados con miel), V. Nepote, M. Mestrallet y N. Grosso, reportaron sus investigaciones sobre la acción antioxidante de fracciones obtenidas de la piel del maní de cacahuetes. Los ensayos se realizaron con extractos obtenidos de maníes tostados con miel sin antioxidantes añadidos, con antioxidante natural de pieles de maní, y cacahuetes tostados con Butilhidroxitolueno (BHT). Las pruebas realizadas fueron las de aceptación del consumidor, análisis químico, y sensoriales. El período de almacenamiento de las muestras fue durante cuatro meses y los resultados arrojaron que hubo un incremento en los contenidos de peróxido, así como la intensidad de los sabores oxidados y de cartón, también el sabor a grano tostado disminuyó durante el período de tiempo almacenado. La adición de antioxidantes naturales de las pieles de maní no afectó la aceptación del producto, pero proporcionó protección contra la oxidación de los lípidos, siendo un poco menos eficiente en comparación con BHT, que es un potente agente antioxidante sintético.

3.-ANTICANCERÍGENO.

En los últimos años se han venido realizando investigaciones sobre la posible acción anticancerígena de los esteroles (fitosteroles) presentes en el cacahuete y su aceite, fundamentalmente del β-sitosterol, atendiendo a que éstos inciden y puede que ralenticen el crecimiento de las células cancerosas en humanos.

El β-Sitosterol, un importante fitosterol al que se le atribuyen propiedades anticancerígenas, fue identificado y aislado en el maní y su aceite, en este último en concentraciones de 217 mg/g de aceite, en este sentido los investigadores A. Awad, K. Chan, A. Downie y C. Fink, publicaron en el año 2000 en la revista Nutr. Cánce sus experiencias en un interesante artículo: *Peanuts as a source of beta-sitosterol, a sterol with anticancer properties* (Los cacahuetes como fuente de beta-sitosterol, un esterol con propiedades anticancerígenos). Se parte en éste de la consideración de que la sustancia de referencia, como miembro de los fitosteroles, ejerce una acción protectora sobre el cáncer de colon, próstata y mama, tal como estadísticamente se observa en las poblaciones asiáticas con alto consumo de vegetales, mucho mayor que el de las sociedades occidentales, donde hay menor incidencia de estas enfermedades.

En el estudio los investigadores evaluaron el maní tostado (61-114 mg/g de fitosteroles), el aceite de cacahuete, la mantequilla de maní (144-157 mg/g) y la harina de maní desgrasada (55-60 mg/g), también compararon los contenidos de fitosteroles del aceite de maní crudo con el de oliva crudo y encontraron mayores cantidades en el de cacahuete. La refinación de estos aceites disminuye drásticamente los contenidos de fitosteroles y esto ocurre en mayor medida en el de oliva que en el de maní. La etapa del proceso de refinación donde hay mayor pérdida es en la desodorización, dado el drástico calentamiento que sufren los aceites en esta fase del proceso. También determinaron que la hidrogenación del aceite de maní para obtener grasas sólidas no causa pérdidas significativas de fitosteroles, por lo que la mantequilla de maní obtenida de éste no se ve muy afectada en cuanto al contenido de estos importantes productos naturales..

Recientemente, en mayo de 2015, M. Yang et al. publicaron un interesante trabajo en la European Journal of Clinical Nutrition titulado: *Nut consumption and risk of colorectal cancer in women* (Consumo de nueces y riesgo de cáncer colorrectal en mujeres) en el que sobre la base de la asociación que se considera en torno a que un mayor consumo de nueces está asociado con un menor riesgo de obesidad y diabetes tipo II, factores de riesgo del cáncer colorrectal, cuestión no totalmente confirmada, ellos hicieron un estudio con una amplia muestra de mujeres con el objeto de valorar esta suposición. Para esto se siguió prospectivamente a 75 680 mujeres sin cáncer al inicio del estudio en el Nurses 'Health Study, y se examino su asociación entre el consumo de nueces y el riesgo de cáncer colorrectal. El consumo de nueces se evaluó al inicio del estudio y se actualizó cada 2-4 años.

Los resultados obtenidos mostraron que de los 1 503 casos de cáncer colorrectal identificados en la muestra al final del estudio, aquellas que consumían nueces dos o más veces por semana tuvieron un riesgo 13% menor que las que los consumían raramente, o no los consumían. Lo que aunque muestra determinada correlación, no fue estadísticamente significativo. En el estudio no se mostró asociación con la mantequilla de maní. Esto los llevó a concluir que: *"En esta gran cohorte prospectiva de mujeres, el consumo frecuente de frutos secos no se asoció significativamente con el riesgo de cáncer colorrectal después de ajustar por otros factores de riesgo"*.

4.-ACCIÓN HIPOLIPEMIANTE

Es de esperar que por la alta concentración de ácidos grasos insaturados presentes en el maní y su aceite (80%), éste se comporte como un agente protector sobre las enfermedades cardiovasculares (ECV), lo que debe traducirse, entre otros factores, en ocasionar en el organismo disminuciones de las concentraciones de colesterol total (CT), lipoproteínas de baja densidad (LDL), triacilglicéridos (TAG), así como elevar los niveles de lipoproteínas de alta densidad HDL). Los resultados experimentales que mostraremos a continuación corroboran estas suposiciones.

En diciembre de 1999 en un artículo en la Am. J. Cl. Nut titulado: *High-monounsaturated fatty acid diets lower both plasma cholesterol and triacylglycerol concentrations* (Las dietas con alto contenido de ácidos grasos monoinsaturados reducen las concentraciones plasmáticas de colesterol y triacilglicerol), PM Kris-Etherton, et al. valoraron el efecto de dietas ricas en ácidos grasos monoinsaturados sobre los niveles de colesterol.

Estudiaron varias dietas comparativas: con aceite de oliva, aceite de maní y mantequilla de cacahuete, entre los resultados obtenidos con referencia a estas tres, encontraron que todas disminuyeron el riesgo de ECV, siendo mayor en el aceite de oliva (25%), seguido por la mantequilla de maní (21%) y finalmente por aceite de cacahuete (16%).

En 2001 R. Hargrove, T. Etherton, T. Pearson, E. Harrison y P. Kris-Etherton publicaron en J. Nutr. un trabajo titulado: *Low fat and high monounsaturated fat diets decrease human low density lipoprotein oxidative susceptibility in Vitro* (Las dietas bajas en grasas y grasas monoinsaturadas reducen la susceptibilidad oxidativa de las lipoproteínas de baja densidad *in vitro*) en el que valoraron la acción de los ácidos grasos monoinsaturados sobre las LDL en la oxidaxción de éstas, considerando que las LDL enriquecidas con estos ácidos debían ser menos susceptibles a la oxidación que las no enriquecidas en ácidos grasos poliinsaturados.

El estudio fue diseñado para evaluar los efectos en hombres y mujeres que consumen dietas altas en ácidos grasos monoinsaturados (cacahuates más mantequilla de maní, aceite de maní y aceite de oliva) sobre la susceptibilidad oxidativa a las LDL, y sus resultados sugieren que las dietas bajas en grasa, o con alto contenido de ácidos grasos monoinsaturados muestran efectos similares sobre la resistencia oxidativa a las LDL. Las fuentes de ácidos grasos monoinsaturadas empleadas durante el estudio fueron aceite de oliva, de maní y cacahuetes más mantequilla de maní.

En abril de 2001, en Nutric Rev. P. Kris-Etherton, G. Zhao, A. Binkoski, S. Coval y T. Etherton, publicaron un trabajo titulado: *The effects of nuts on coronary heart disease risk* (Los efectos de los frutos secos en el riesgo de enfermedad coronaria) en que valoraron los efectos beneficiosos del consumo de nueces frente a la morbilidad y mortalidad por enfermedad coronaria (CHD). Según ellos: *Los estudios clínicos han informado sobre los efectos de reducir el colesterol total y las lipoproteínas de baja densidad de las dietas saludables para el corazón que contienen varios frutos secos o maní de legumbres* y asocian el mismo al perfil lipídico favorable de las nueces, elevado en ácidos grasos insaturados y bajo en saturados, lo que... *contribuye a la reducción del colesterol y, por lo tanto, a la reducción del riesgo de enfermedad coronaria. La fibra dietética y otros constituyentes bioactivos en las nueces pueden conferir efectos cardioprotectores adicionales.*

En abril de 2003 C. Alper y R. Mattes publicaron en J. Am. Coll Nutr. un artículo titulado *Peanut consumption improves indices of cardiovascular disease risk in healthy adults* (El consumo de maní mejora los índices de riesgo de enfermedad cardiovascular en adultos sanos) en que analizaron, además de la composición de ácidos grasos monoinsaturados en el maní, otros parámetros como el contenido de magnesio y folato. En este sentido se propusieron como objetivo del estudio ... *determinar los efectos del consumo crónico de maní en la composición de la dieta, así como los niveles séricos de lípidos, magnesio y homocisteína en sujetos de vida libre bajo diferentes condiciones de ingesta de maní.*

En el estudio en cuestión sometieron a 15 adultos a un estudio con dietas de maní suplementarias y de sustitución, los resultados finales indicaron disminuciones en TAG, mientras que la fibra dietética, magnesio, folato, alfa tocoferol, cobre y arginina, aumentaron en diferentes tratamientos de la investigación. No se encontraron cambios apreciables en la concentración total de homocisteína en plasma. Por lo que concluyeron que: *El consumo regular de maní disminuye el TAG sérico, aumenta el consumo de nutrientes asociados con un riesgo reducido de ECV y aumenta la concentración sérica de magnesio*

J. Sabaté, E. Ros y K. Oda, en un artículo titulado *Nut Consumption and Blood Lipid Levels A Pooled Analysis of 25 Intervention Trials* (Consumo de nueces y niveles de lípidos en sangre. Un análisis conjunto de 25 ensayos de intervención) publicado en JAMA Internal Medicine en 2010, informaron sobre los resultados de los experimentos realizados en siete países en torno al comportamiento de los lípidos en sangre en sujetos bajo el consumo de nueces. El estudio contó con una muestra estadística de 583 hombres y mujeres con normolipidemia e hipercolesterolemia que no tomaban medicamentos hipolipemiantes, y se emplearon modelos lineales mixtos para evaluar los efectos del consumo de nueces y las posibles interacciones.

Los resultados de su análisis arrojaron que con 67 g de frutos secos se lograron reducciones medias de 10,9 mg/dL de colesterol total (-5,1%), 10,2 mg/dL de LDL (-7,2%). También consideraron las relaciones HDL/CT, entre otras, con indicadores positivos.

En lo que respecta a los TAG, éstos se redujeron en 20,6 mg/dL en individuos con niveles de TAG en sangre, iguales o superiores a 150 mg/dL, pero no en aquellos con niveles más bajos. Diferentes tipos de nueces tuvieron efectos similares.

Por todo lo anterior, extraen la conclusión de que el consumo de nueces mejora los niveles de lípidos séricos en relación con la dosis empleada en el tratamiento o el consumo, particularmente en individuos con mayores concentraciones de lipoproteínas de baja densidad.

R. Jiang, J. Manson, M. Stampfer, S. Liu, W. Willett y F. Hu en 2002 publicaron en **JAMA,** un artículo titulado *Nut and peanut butter consumption and risk of type 2 diabetes in women* (Consumo de nueces y mantequilla de maní y riesgo de diabetes tipo 2 en mujeres) en el que exponen un estudio con una amplia muestra de casos para examinar la relación entre el consumo de nueces y el riesgo de diabetes de tipo 2 en mujeres.

Para ello tomaron una muestra de 83 818 mujeres de entre 34 y 59 años, que vivían en 11 Estados, de la

Unión, sin antecedentes de diabetes, enfermedades cardiovasculares o cáncer, en el Nurses 'Health Study, mediante un formulario dietético llevado a cabo durante 16 años, desde 1980. Como resultados del estudio se asoció el consumo de frutos secos inversamente con el riesgo de diabetes tipo 2 después del ajuste por edad, índice de masa corporal, antecedentes familiares de diabetes, actividad física, tabaquismo, consumo de alcohol y consumo total de energía. También se relacionó en el estudio, el consumo de mantequilla de cacahuete, y de las observaciones se concluyó también igual incidencia que las nueces sobre la reducción del riesgo de diabetes tipo 2 en las mujeres. Se extrajo también como conclusión final que *"Para evitar aumentar la ingesta calórica, se puede recomendar el consumo regular de nueces como un reemplazo para el consumo de productos de granos refinados o carnes rojas o procesadas"*.

L. Berglund, M. Lefevre, et al., publicaron en 2007 en Am J Clin Nutr. un trabajo titulado *Comparison of monounsaturated fat with carbohydrates as a replacement for saturated fat in subjects with a high metabolic risk profile: studies in the fasting and postprandial states* (Comparación de grasas monoinsaturadas con carbohidratos como reemplazo de grasas saturadas en sujetos con un alto perfil de riesgo metabólico: estudios en los estados de ayuno y postprandial) relacionado con un estudio llevado a cabo con pacientes de alto riesgo metabólico, con el objeto de valorar los efectos de la sustitución de las grasas saturadas de la dieta por carbohidratos y/o grasas monoinsaturadas. En el ensayo participaron 52 hombres y 33 mujeres en un cruce aleatorio de 3 períodos y 7 semanas. El 7% de la energía de la grasa fue sustituido por carbohidratos o ácidos grasos monoinsaturados.

Los resultados obtenidos mostraron que la dieta rica en grasas monoinsaturadas como reemplazo proporciona una mayor reducción del riesgo aterogénico que los carbohidratos.

5.-DIETA

La importancia de los frutos secos en la dieta, incluyendo las nueces de maní y otras plantas, está siendo muy valorada en la actualidad lo que se corresponde con las consideraciones expuestas por J. King, J. Blumberg, L. Ingwersen, M. Jenab y K. Tucker en un artículo publicado en 2003 en la revista J. Nutr., cuyo título fue: *Tree nuts and peanuts as components of a healthy diet* (Los frutos secos y los cacahuetes como componentes de una dieta saludable), en que se hacen eco de un reclamo relacionado con comer nueces en cantidades de 42 g por día, lo que puede reducir el riesgo de enfermedades cardíacas, atendiendo a que las ingestas habituales no alcanzan esa cantidad en los Estados Unidos (21g) y Europa (31g).

Consideran los autores que las personas que consumen frutos secos también logran una mayor ingesta de ácido fólico, β-caroteno, vitamina K, luteína + zeaxantina, fósforo, cobre, selenio, potasio y zinc por cada 1000 kcal. Consideran también, que las nueces constituyen una excelente fuente de fitosteroles, compuestos fenólicos, flavonoides, estilbenos y carotenoides, todos ellos de marcada acción antioxidante.

Por último, y en relación con la fibra dietaria, en 1982 J. Collins, S. Kalantari y A. Post expusieron sus experiencias sobre la adición de harina de cacahuete al pan de trigo, en un artículo titulado *Peanut Hull Flour as Dietary Fiber in Wheat Bread* (Harina de Cacahuete como fibra dietética en pan de trigo)

Según sus consideraciones, la adición de harina de cacahuete en proporciones entre el 0,4-8% a la harina de trigo para hacer pan, incrementa la fibra dietética en el mismo. Las pruebas realizadas con el producto obtenido para valorar cambios en el volumen específico, el color y algunos atributos sensoriales evaluadas por un panel especializado, mostraron que si bien la adición de harina de cacahuete causó algunos cambios en el pan, indicaron que éste mostraba una calidad aceptable, lo que induce a considerar que la adición de harina de cacahuete resulta adecuada para elevar el nivel de fibra dietética de la harina de trigo que se emplea en la elaboración de pan.

Por último, es necesario recalcar que la harina de maní desgrasada constituye un valioso alimento superproteíco en el que más del 50% de su composición lo constituye proteína vegetal digerible.

OTRAS OBRAS DEL AUTOR

1. El Código Ético y Moral de Confucio.
2. El Código Educativo de Confucio.
3. El Triángulo de Confucio.
4. Confucio para Confusos.
5. Un Réquiem para Maquiavelo.
6. Confucio Vs. Maquiavelo.
7. En las llanuras del Camagüey I. Buenaventura.
8. En las Llanuras del Camagüey II. Dolores Cruz.
9. Sombras que Vagan por la Llanura.
10. África Sonríe Triste, en Silencio.
11. Cuerno de Rinoceronte.
12. Cuerno de Luz.
13. Mkombo, Soba del Norte.
14. Lamento Taurino.
15. El Peligroso Arte de Freír.
16. Caos e Incertidumbre en el Mundo de los Aceites Vegetales
17. Química de los aceites vegetales.
18. En las llanuras del Camagüey III. La isla prometida.
19. En las llanuras del Camagüey IV. Fantasmal.
20. Aceite de Coco
21. Química del aceite de Oliva.
22. Aceite de Aguacate.

BIBLIOGRAFÍA

Alper, C and R. Mattes. (2003). *Peanut consumption improves indices of cardiovascular disease risk in healthy adults*. J. Am. College of Nutr. 22: 133-141

Anderson, J., F. Grande and A. Keys (1970). "*Coronary heart disease in Seven countries*". Circulation, 1970, 41; 1-211

AOCS. (1997). Official *Methods and Recommended Practices of the American Oil Chemists Society, 5th ed.* D. Firestone (ed), AOCS Press, Champaign.

Arthur J. Jr. (1953). *Peanut protein isolation, composition and properties*. Adv Protein Chem 1953; 8:393-414

Astiasarán, Y. y J. Martínez, (2003). *Alimentos. Composición y propiedades*. McGraw-Hill Interamericana. Madrid.

Awad, A., K. Chan, A. Downie C. (2000). *Peanuts as a source of β-sitosterol, a sterol with anticancer properties*. Nutrition and Cancer, 36, 238–241.

Badui, S. (2006). *Química de los Alimentos. 4ta. Edic.* PEARSON. Adison Wesley. México.

Bailey, A. (1961). *Química de los Alimentos. 3ra. Edic. Editorial.* Addison Wesley Longman. México.

Barnett D, B. Baldo and M. Howden . (1983). *Multiplicity of allergens in peanuts*. J Allergy Clin Immunol 1983; 72:61-68.

Bett K. and T. Boylston. (1992). *Effect of storage on roasted peanut quality en St. Angelo* AJ. (Ed.) Lipid Oxidation in Food, 322-343. ACS Symposium Series 500, American Chemical Society, Washington DC.

Bock S. and F. Atkins (1989). *The natural history of peanut allergy.* J Allergy Clin Immunol. 1989; 83:900-904.

Branch, W., T. Nakayama, and M. Chinnan. (1990). *Fatty acid variation among U.S runner peanut cultivars.* J. Am. Oil Chem. Soc. 9: 591-593.

Chen, G. L. Zhao, et al. (2007): *In vitro study on antioxidant activities of peanut protein hydrolysate.* Journal of de Sciense of Food and Agriculture 87:2 january 2007. 357-362.

Clevidence B, et al. (1997). *Plasma lipoprotein (a) levels in men and women consuming diets enriched in saturated, cis-, or transmonounsaturated fatty acids.* Arterioscler Thromb Vasc Biol 1997; 17: 1657-61.

Collins, J., S. Kalantari y A. Post. (1982). *Peanut hull flour as a dietary fiber in wheat bread.* J. Food Sci. 47(6), 1899-1902.

Coultate, T. (1998). *Manual de Química y Bioquímica de los alimentos.* Ed Acribia. España.
Departamento de Salud y Servicios Sociales de los Estados Unidos (2010*). Dietary Guidelines for Americans.*

Dudrow F. (1983). *Deodorization of edible oil.* J. of Am. Oil. Chem. Soc. 60, 272-274.

Ewan, P. (1996). *Clinical study of peanut and nut allergy in 62 consecutive patients: new features and associations.* BMJ. 1996 Apr 27; 312(7038): 1074–1078.

Ferguson, M., P. Bramel and S. Chandra. (2004). *Gene diversity among botanical varieties in peanut (Arachis hypogaea L.).* Crop Sci. 44(5): 1847-1854. AOAC. 1980. Official Methods of Analysis. Horwitz W. (Ed.), 13th ed., 435-440. Association of Official Analytical Chemists, Washington, DC.

Ferrari R. et al. (1996). *Minor constituents of vegetable oils during industrial processing.* J. Am. Oil Chem. Soc. 73, 587-591.

Fore, S., N. Morrie, C. Mack, A. Freeman, and W. Bickford. (1953). *Factors affecting the stability of crude oils of 16 varieties of peanuts.* J. Am. Oil Chem. Soc., 30, 298–301.

Foster A. and A. Harper. (1983). *Physical refining.* J of Am Oil Chem. Soc. 60, 265-271.

Foster, R., C. Williamson, and J. Lunn, (2009). *Culinary oils and their health effects.* Nutrition Bulletin 34 (1): 4-47.

Fries J. (1982). *Peanuts: allergic and other untoward reactions.* Ann Allergy 1982; 48:220-226.

García López C. et al. (1996). *Major fatty acid composition of 19 almond cultivars of different origins. A chemometric approach.* Journal of Agriculture and Food Chemistry 44 (7): 1751-1755.

Grosso N. and A. Resurrección. (2002). *Predicting*

consumer acceptance ratings of cracker-coated and roasted peanuts from descriptive analysis and hexanal measurements. J Food Sci 67 (4) 1530-1537.

Grosso N. and C. Guzman. (1995). *Chemical composition of aboriginal peanut (A. hypogaea) seeds from Peru.* J Agric Food Chem. 43, 102-105.

Gunstone, F. (2002). *Vegetable oils in food technology.* Editor R. Hamilton. Blackwell Publishing CRC.

Gunstone, F.D. (2001). *Oilseed crops with modified fatty acid composition.* J. Oleo Sci., 50, 269–279.

Hamm, W. (2001). *Regional differences in edible oil processing procedures. 1. Seed crushing and extraction, oil movements, and degumming. 2. Refining, oil modification, and formulation.* Lipid Tech., 13, 81–84 and 105–109.

Hargrove, R, T. Etherton, T. Pearson, E. Harrison and P. Kris-Etherton. (2001). *Low fat and high monounsaturated fat diets decrease human low density lipoprotein oxidative susceptibility in Vitro.* J. Nutr. 131(6):1758-63.

Hendrix, B. (1990). Edible *Fats and Oils Processing: Basic Principles and Modern practises.* Illinois: Ed. D.R. Erickson., Am.Oil Chem. Soc. Chamaing; 1990.

Hoffman D. and C. Collins-Williams. (1994). *Coldpressed peanut oils may contain peanut allergen.* J Allergy Clin Immunol 1994; 93:801-802.

Holaday, C. and J. Pearson. (1974). *Effects of genotype and production area on the fatty acid composition, total oil and total proteins in peanuts.* J. Food Sci., 39,

1206–1209.

Horton J, et al. (1993). *Dietary fatty acids regulate hepatic low density lipoprotein (LDL) transport by altering LDL receptor protein and mRNA levels.* J Clin Invest 1993; 92: 743-49.

Hu, F., et al. (1997). *Dietary fat intake and risk of coronary heart disease in women.* N Engl J Med 1997; 337: 1491-99.

James, C. (1996). *Analytical Chemistry of Foods.* Blackie Academic and Professional. London.

Jiang, R., J. Manson, M. Stampfer, S. Liu, W. Willet y F. Hu. (2002). *Nut and peanut butter consumption and risk of type 2 diabetes in women.* J. Am. Medical Assoc. 88(20), 2554-2560.

Jiang, R., J. Manson, M. Stampfer, S. Liu, W. Willet, and F. Hu. (2002). *Nut and peanut butter consumption and risk of type 2 diabetes in women.* J. Am. Medical Assoc. 288: 2554-2560.

Kamal-Eldin A, and L. Appelqvist (1996). *The chemistry and antioxidant properties of tocopherols and tocotrienols.* Lipids. 31, 671-701.

Keys A, J. Anderson and F. Grande (1957). *Prediction of serum cholesterol responses of man to changes in fats in the diet.* Lancet 1957; 273: 959-66.

Keys A. (1980). *"Seven Countries: A Multivariate Análisis of Death and Coronary Heart Disease."* Cambridge, MA: Harvard University Press.

Keys A., A. Mennoti, M. Karvonen, C. Aravanis, H.

Blackburn, et al. (1986) *The diet and 15-year death rate in the seven countries study*. Am J Epidemiol 1986; 124: 903-915.

Khalil M, W. Wagner and I. Goldberg. (2004). *Molecular interactions leading to lipoprotein retention and the initiation of atherosclerosis*. Arterioscler Thromb Vasc Biol; 24: 2211-18.

King, J. C., J. Blumberg, L. Ingwersen, M. Jenab, and K. L. Tucker. (2008). *Tree nuts and peanuts as components of a healthy diet*. J. nutr. 138: 1736-1740.

Kris-Etherton P. and S. Yu (1997). *Individual fatty acids on plasma lipids and lipoproteins: human studies*. Am J Clin Nutr 1997; 65: 1628-44.

Kris-Etherton, P., M. Zhao, A. Binkoski, S. Coval and T. Etherton. (2001). *The effects of nuts on coronary heart disease risk*. Nutrition Rev., 59, 103–111.

Kris-Etherton, P., T. Pearson, Y. Wan, R. Hargrove, K. Moriaty, V. Fishel, and T. Etherton. (1999). *High-monounsaturated fatty acids diets lower both plasma cholesterol and triacylglycerol concentrations*. Am J. Clin. Nutr. 70: 1009-1015.

Kritchevsky D. (1998). *History of recommendations to the public about dietary fat*. J. Nutr 1998; 128: 449-52.

Kritchevsky, D., S. Tepper, D. Vesselinovitch and R. Wissler. (1973). *Cholesterol vehicle in experimental atherosclerosis.13. Randomized peanut oil.* Atherosclerosis, 17, 225–243.

Kushi, L. et al. (1985). *Diet and 20-year mortality from coronary heart disease. The Ireland-Boston Diet Diet-*

Heart Study. N Engl J Med 312: 811-8.

Lichtenstein A. et al.(2006). *Summary of American Heart Association diet and lifestyle recomendations revision.* Arterioscler Thromb Vasc Biol 2006; 26: 2186-91.

López, C. (2017). *Caos e Incertidumbre en el Mundo de los Aceites Vegetales.* Amazon Kindle KDP Publishing. ISBN. 9751549915190. Spain.

López, C. (2018). *Aceite de Aguacate.* Amazon Kindle KDP Publishing. ISBN 9781717778109. Spain.

López, C. (2018). *El Peligroso Arte de Freír.* Amazon Kindle KDP Publishing. ISBN 9781973324423. Spain.

López, C. (2018). *Química de los Aceites Vegetales.* Amazon Kindle KDP Publishing. ISBN. 9781980870401. Spain.

López, C. (2018). *Química del Aceite de Oliva.* Amazon Kindle KDP Publishing. ISBN 9781983222801. Spain.

Loza Cortina, C. (1997). *Alergia al cacahuete.* Revisión. BOL PEDIATR 1997; 37: 9-18.

Lusas E. (1979). *Food uses of peanut proteins.* J Am Oil Chem Soc 56:425-430.

Mattson F. and S. Grundy (1995). *Comparison of effects of dietary saturated, monounsaturated and polyunsaturated fatty acids on plasma lipids and lipoprotein in man.* J. Lipid Res., 26, 194-202.

Mensink R.et al. (2013). *Effects of dietary fatty acids and carbohydrates on the ratio of serum total to HDL cholesterol and on serum lipids and apolipoproteins: a meta-analysis of 60 controlled trials.* Am J Clin Nutr. (77) (5) pp.1146-1155.

Mensink, R. and M. Katan. (1992). *Effect of dietary fatty acids on serum lipids and lipoproteins. A metaanalysis of 27 trials.* Arterioscler Throm 12: 911-919, 1992.

Mestrallet M. et al. (2004). *Honey Roasted Peanuts and Roasted Peanuts from Argentina. Sensorial and Chemical Analyses.* Grasas y Aceites 55 (4) 401-408. Spain.

Moreiras O. et al. (2007). *Tablas de composición de alimentos. 11ª edición.* Pirámide. Madrid.

Mozaffarian D, R. Clarke (2009). *Quantitative effects on cardiovascular risk factors and coronary heart disease risk of replacing partially hydrogenated vegetable oils with other fats and oils.* Eur J Clin Nutr 2009; 63: 22-33.

Muego-Gnanasekharan K. And A. Resurrección. (1992). *Physicochemical and sensory characteristic of peanut paste stored at different temperatures.* J Food Sci. 57, 1385-1389.

Mugendi, J., C. Slims, and D. Gorbet. (1998). *Flavor quality and stability of high olei peanuts stored at low humidity.* J. Am. Oil. Chem. Soc. 75: 21-25.

Nepote V., M. Mestrallet and N.Grosso (2004). *Natural Antioxidant Effect from Peanut Skins in Money Roasted Peanuts.* J Food Sci. 69 (7) 295-300.

Nepote V., M. Mestrallet, R. Accietto, M. Galizzi, and

N. Grosso. (2006a*). Chemical and sensory stability of roasted high-oleic acid peanuts from Argentina.* J. Sci. Food Agric. 86, 944-952.

Neucere N. (1969). *Isolation of alpha-arachin, the major peanut globulin.* Anal Biochem 1969; 27:15.

NMX-F027-SCFI-2006. Diario oficial de la federación, agosto de 2006. (Esta norma cancela a la **NMX-F027-1985**)

Noureddini, H., B. Teoh and L. Davis. (1992). *Viscosities of vegetable oil and fatty acids.* JAOCS. 69: 1189-1191.

O'Keefe, S., V. Wiley and D. Knauft. (1993). *Comparison of oxidative stability of high- and normal-oleic peanut oils.* J. Am. Oil Chem. Soc., 70, 489–492.

Ozcan, M and S. Seven. (2003). *Physical and chemical analysis and fatty acid composition of peanut, peanut oil and peanut butter from COM and NC-7 cultivars.* Grasas y Aceites. 54: 12-18.

Saavedra-Delgado A. (1989). *The many faces of the peanut.* Allergy Proc 1989; 10:291-204.

Sabaté, J. E. Ros. Y K. Oda. (2010). Nut *Consumption and Blood Lipid Levels. A Pooled Analysis of 25 Intervention* .JAMA Internal Medicine Vol. 170: 9: 821 – 827.

Sachs MI, R. Jones and J. Yunginger. (1981). *Isolation and partial characterization of a major peanut allergen.* The Journal of allergy ad Clinical Inmunology January 1981 Volume 67, Issue 1, Pages 27–34.

Sanders S. (2002). *Groundnut (peanut) oil in Gunstone, F. (2002) vegetable oils in food technology*. Editor R. Hamilton. Blackwell Publishing CRC.

Sanders, T. (1979). *Varietal differences in peanut triacylglycerol structure*. Lipids, 14, 630–633.

Sanders, T. (1980a). *Effects of variety and maturity on lipid class composition of peanut oil*. J. Am. Oil Chem. Soc., 57, 8–11.

Sanders, T. (1980b). *Fatty acid composition of lipid classes in oils from peanuts differing in variety and maturity*. J. Am. Oil Chem. Soc., 57, 12–15.

Sanders, T. (1982). Peanut triacylglycerols: Effect of season and production location. J. Am. Oil Chem. Soc., 59, 346–351.

Sanders, T. (2001). *Non-detectable levels of trans-fatty acids in peanut butter*. J. Agric. Food Chem., 49, 2349–2351.

Singleton, J. and H. Pattee. (1987). *Characterization of peanut oil triacylglycerols by high performance liquid chromatography, gas liquid chromatography, and electron impact mass spectrometry*. J. Am. Oil Chem. Soc., 64, 534–538.

Singleton, J. and L. Stikeleather.(1995). *High-performance liquid chromatography analysis of peanut phospholipids. II. Effect of postharvest stress on phospholipid composition*. J. Am. Oil Chem. Soc., 72, 485–488.

Tarrago-Trani, M. et al. (2006). *New and existing oils and fats used in products with reduced trans-fatty acid content.* Journal of the American Dietetic Association. pp. 867-880.

Taylor S., et al. (1981). *Peanut oil is not allergenic to peanut-sensitive individuals.* J Allergy Clin Immunol 1981; 68: 372-375.

Tombs M. (1965). *An Electrophoretic investigation of groundnut proteins: the structure of Arachins A and B.* Biochem J. 96:119-123.

Tzur R. (1972). *Purification of phospholipase D from peanuts.* Biochem Biophys Acta 1972; 280:290.

Verleyen T. et al. (2002). *Analysis of free and esterified sterols in vegetable oils.* J. Am. Oil Chem. Soc. 79, 117-122.

Vicent, A. and J. Blasco. (2017). *When prevention fails. Towards more efficient strategies for plant disease eradication*1 New Phytol. (214); 905-908.

Warner K. and N. Michael-Eskin (1995). *Methods to asses quality and stability of oils and fat-containing foods.* AOCS Press. Illinois, USA. Cap. 2,9.

Williams, C. et al. (1999). *Cholesterol reduction using manufactured foods high in monounsaturated fatty acids, a randomized cross-over study.* Br. J. Nutr., 81, 439-446.

Worthington, R., R. Hammons and J. Allison. (1972). *Varietal differences and seasonal effects on fatty acid composition and stability of oil from 82 peanut genotypes.* J. Agric. Food Chem., 20, 727–730.

Yang, M. et al. (2016). *Nut consumption and risk of*

colorectal cancer in women European Journal of Clinical Nutrition volume70, pages333–337 (2016).

Young, C. (1996). *Peanut oil, in Bailey's Industrial Oil and Fat Products, Edible Oil and Fat Products: Oils and Oil Seeds, Vol 2,* JohnWiley & Sons, Inc., NewYork, NY, pp. 377–392.

Zschau W. (2000*). Introduction to Fats and Oils Technology, 2nd edic.* Champaign, IL: AOCS Press.

ÍNDICE

Prólogo del autor---------------------------------- Pág. 003

Capítulo I. Introducción ------------------------ Pág. 007

Capítulo II. El maní, la planta ------------------ Pág. 012

Capítulo III. Aceite de maní (cacahuete) ------- Pág. 024

Capítulo IV. Tecnología para la obtención de aceite de maní (cacahuete) -------------------------------- Pág. 049

Capítulo V. Usos y aplicaciones del maní y su aceite -- Pág. 067

Capítulo VI. Producción mundial de maní/cacahuete ------------------------------------- Pág. 073

Capítulo VII. Acción biológica y farmacológica del maní y su aceite ---------------------------------- Pág. 082

Otras Obras del autor ------------------- ---------- Pág. 098

Bibliografía --------------------------------- -------- Pág. 099

Índice --- Pág. 111

www.ingramcontent.com/pod-product-compliance
Lightning Source LLC
Chambersburg PA
CBHW052329220526
45472CB00001B/341